白手起家

从一无所有到富足人生

[美] 奥里森 · S. 马登 著　　刘一凝 译

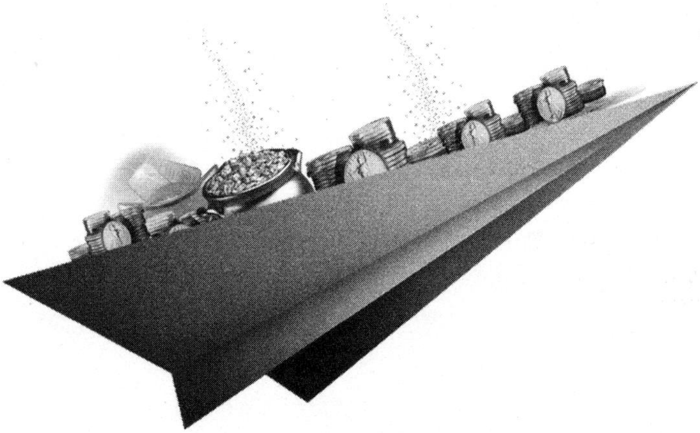

中国出版集团
现代出版社

图书在版编目(CIP)数据

白手起家：从一无所有到富足人生 /（美）马登著；刘一凝译. —北京：现代出版社，2015.1

ISBN 978-7-5143-3202-5

Ⅰ. ①白… Ⅱ. ①马… ②刘… Ⅲ. ①成功心理－通俗读物 Ⅳ. ①B848.4-49

中国版本图书馆CIP数据核字（2014）第302698号

白手起家：从一无所有到富足人生

作　　者	（美）奥里森 · S. 马登　著
译　　者	刘一凝
责任编辑	崔晓燕
出版发行	现代出版社
通讯地址	北京市安定门外安华里504号
邮　　编	100011
电　　话	010-64267325　64245264（传真）
网　　址	www.1980xd.com
印　　刷	三河市南阳印刷有限公司
开　　本	710mm × 1000mm　1/16
印　　张	17.5
版　　次	2015年2月第1版　2017年6月第3次印刷
书　　号	ISBN 978-7-5143-3202-5
定　　价	39.80元

马登先生不仅是美国的，更是全世界的，其作品无不充满启迪和力量，是积极人生态度的传播者，是青年成长的良师益友。

——美国总统第四十三、四十四任总统巴拉克·奥巴马

马登的书对所有具有高尚和远大抱负的年轻读者来说都是一个巨大的鼓舞。我认为，没有任何东西能够比马登的书更值得推荐给每一个美国的年轻人。

——美国第二十五任总统 威廉·麦金利

他是我的精神导师，把信念力给了我。

——美国人际沟通专家 戴尔·卡耐基

他促使我发展了积极思想和生活哲学。

——美国成功导师 拿破仑·希尔

对于时代青年所经历的烦闷、消极等滋味，我亦未曾错过。自读马登的原书后，精神为之大振，人之观念为之一变。

——中国文学大师 林语堂

读马登博士的作品，宛如每天见到的一抹阳光，带给我们乐观，每天读一篇，都会让我们振作得面带笑容。

——《波特兰俄勒冈人报》

马登的书总会教给我们真理——马登博士的作品文笔隽秀、阐述平实，不经意间，你会学到很多普世的真理。

——《书评文摘》杂志

马登博士的书对所有读者来说，阅读无障碍；唯一的障碍就是作品阐述的普世精神和真理，是读者在日常生活中，往往忽略的。

——《诺福克阅读快报》

马登的作品多数写给即将步入或涉世未深的青年人，带着一种责任，但同时读起来还非常有趣味性，虽然对青年读者来说这些都是必读书，但绝对不是被迫的感觉。

——《匹兹堡图书馆时报》

如果你总认为命运对你不公，运气也不经常光顾你，那么就读读马登博士的作品。

——《基督教倡议者报》

马登博士的系列作品都是激励自我的经典，尤其对于年轻人，书中传递给读者的不仅是要做到专注，更重要是有开辟和创造自己精彩生活的决心和勇气。

——《浸礼会教师报》

关于作者

奥里森·S. 马登（Orison Swett Marden，1850—1924），美国作家，倡导新思想运动。主修医科，同时也是一名富有建树的酒店业主。

他生于美国新罕布什尔州的桑顿—戈尔（Thornton Gore），介于路易斯和玛莎—马登之间一个小镇。他 3 岁时，年仅 22 岁的母亲便撒手人寰。于是照顾奥里森和两个姐姐的重担就落到了父亲肩上，一个靠打猎和做门卫工作的农民。他 7 岁时，父亲伐木致伤，不久也离他而去。他的监护人几经转手，他终日食不果腹，艰难度日。他受苏格兰作家塞缪尔·斯迈尔斯早期作品的影响，决意改善自我，改变生存环境。1871 年，他毕业于波士顿大学。1881 年，获得哈佛大学医学博士学位。1882 年，攻克了法学学士学位。之后，又就读于波士顿祷告学校和安多华神学院。

大学期间，他靠在酒店打工自食其力。工作之后经过奋斗，他拥有了几家自己的酒店和一处度假村产业。经济危机使他的职业生涯告一段落。1893 年，当举办世界哥伦布博览会，大批游客从四面八方蜂拥而至的时候，他再一次在芝加哥跻身酒店业并担任酒店经理一职。这期间，他在塞缪尔·斯迈尔斯思想的感召之下，立志奋笔疾书，旨在启迪思想，阐述自己的哲学观点。

1894 年，他撰写的第一本书《奋勇向前》(Pushing to the Front)问世了。他着重论述了成功、毅力的培养和积极思考的话题，这部作品出版后即引起轰动，逐成为马登的代表作和经典，至今每年再版。1897 年，他创办了《成功》杂志(Success Magazine)，与此同时，该杂志作为奥里森·斯威特·马登"新思想哲学"的宣言，教授人们积极思维，学习生活技能和自我管理。在 20 世纪的头 20 年中，他也是伊丽莎白·汤尼(Elizabeth Towne)新思想杂志《鹦鹉螺》的固定撰稿人。

《成功》杂志时至今日仍能发人深省，并被评为美国当今最有影响力的十大杂志之一。

他曾采访过当代最具盛名和最有权威的成功人士，而且**《成功》杂志在美国社会开创出一个不同寻常的成就，被视为现代个人发展运动的诞生**，据报道，此行业仅在美国每年产值达 110 亿美金。

上世纪初，据不完全通计四分之一的美国人无人不知无人不晓这个杂志。

何等伟大的标题，又何等伟大的杂志！现在《成功》杂志仍然具有强大的生命力，并突显现在和过去有识之士的成功事迹为特色。

马登曾是《成功》杂志的第一撰稿人，那些一度深受其启迪的人后来相继成为该杂志的编辑，包括著名的拿破仑·希尔（Napoleon Hill），W. 克莱门·斯通（W.Clement Stone），斯科特·德加摩（Scott DeGarmo）和查理德·坡（Richard Poe）等。

像许多新思想拥护者那样，马登相信思想可以影响人的生活和人的生活环境。他说："我们创造了我们赖以居住的世界和我们的生活环境。"然而，尽管他在经济上获得了成功，但是，他总强调个人发展：**"你刻意追求的绝好机遇，不取决于环境，关键在于自己；不在于运气或机会好坏，或不在于别人的帮助；完全在于自己。"**马登一生撰写了大量鼓舞人心的著作，其中代表作《你能行》、《奋勇向前》、《生而为赢》、《快乐心理学》《你就是命运的建造师》、《你也可以拥有打动人的磁性魅力》、《我最想要的择业说明书》、《成功依然有秘密》、

《高效人生》、《爱的表达》、《善始善终》、《快乐的源泉》、《立业先立人》、《平和的力量》、《激发》、《大师们的品性》、《与伟人对话》、《白手起家》、《成功者的格局》等在欧美一上市，即受到大众的认可，几乎每本都是畅销书，很多公立学校指定为教科书或参考书，不少公司企业也是将这些作品发给员工阅读，在商人、政府官员、军人、教育人士、文化人士和神职人员中也深受欢迎。很多著作已经被翻译成50多种文字，在世界各地广为流传，现在都已成为影响世界历史进程的经典人文作品。

1924年，马登与世长辞，享年74岁。

前言

PREFACE

坐在咖啡店里，我对自己说：

“别人可能随意谈论着他们称之为钱财的东西，

他们可能对此厌恶的程度，

与他们喜欢吃饭与喝酒的程度成正比。

但我忍不住，真的忍不住这样想：

有钱真好，欧耶。

有钱就是好！”

——阿瑟·休·克劳

要是没有钱及对金钱的需求，世人将没有现在一半的友情。

要是运用得当的话，钱是具有积极意义的。

——乔治·麦当劳

多美丽的卷筒，抽屉多么漂亮，
里面装着钱袋、硬币，还有铁矿，
（并非老胜者的，他们的头和饰章
没有那层金属让其头像闪光，
但）属粗细金质，只是略微相像，
亮光闪闪的圆形物幽禁帝王
摩登、无聊而乏味的图章，英镑！
是的，现金使阿拉丁神灯明亮。

——拜伦

即便你才华横溢，拥有美好的前景，但也不要放弃对富丽堂皇的宫殿的幻想，正如你身在贫苦时，需要物资一样。

——布尔维尔

那些想建造房子的人，却不知道该从哪里拿钱，
只能让自己越来越远离房子。

——杨格

“我就是在这里经历了人生最为艰难的岁月，”爱德华·莫兰，这位著名的水手与人物画家，最近在拜访费城时这样说，“我从英格兰的兰克谢尔，乘着一艘装载移民的船来到了纽约。那是 1844 年，当时我只有 15 岁。在大城市徘徊了很长一段时间，我花光了身上的钱，就步行到费城。沿途每到一个小

镇，我都靠打零工来赚钱。很快，我来到了费城，开始在詹姆斯·汉米尔顿手下学习，我真的非常感谢他。当然，他无法理解为什么我会如此贫穷，因为我身上有种让人愉悦的东西。但是，一天，他知道我住在一间阁楼里，在那间阁楼里，唯一的家具，就是一张木制的椅子与几份纽约的报纸。”

“你是怎么熬过来的？”他以惊讶的口气问道。

“没怎么啊，”我回答说，“晚上，我睡在报纸上，白天坐在椅子上。”

当然，这是一个非常极端的例子，但也是成千上万人从贫穷与匮乏中奋起，追求名声与财富的典型例子。事实上，在美国，**年轻人与艰难的环境作斗争，这是再正常不过的了**。正如一位来自英国的旅行者说，**出生在木屋或是贫穷的家庭，这是为未来的伟大做好准备的一种方式**。当然，我们都知道国家已经不再处于住在木屋的那个时代了，但这位旅人说的话依然有道理，特别对那些出身贫苦，但又想在这个世界上有所作为的男孩来说，更为真实。他可能无法像莫奈那样，在伦敦或是巴黎成功地举行画展，成为国家科学院的院士，或是美国水彩画协会的会员，抑或是宾州艺术学会的会员，但他依然可以在某些领域，以自己的方式去创造伟大，依然可以凭借努力，过上更为体面的生活。

“我会为城市的教会捐赠五美元。”一位苏格兰人在街上遇到一位牧师，在牧师没有要求捐赠的情况下，主动这样说。

“非常感谢你。”牧师极为真诚地说，“我们正需要这笔钱，这将做很多善事。”

“我在想，”在牧师离开那位苏格兰人时问道，“碰巧遇到这样一个善人，真是太幸运了。”

“等一下，”苏格兰人说，转过身对牧师说，“我身上只有五美元，我可以不给，也可以自己花掉，那样我就不需要再为邮票出钱了。”

这位苏格兰人节省不必要开支的做法，成为贯彻了他一生的工作方式，让他可以省下五美元给那位牧师，否则的话，牧师是不会那么“幸运”的。

“我们在这里也不会有什么大收获的。”一位女士这样对同伴说，当时约翰·穆雷在她们说出了那个用于慈善目的的捐款时，他正在写作。听完了之后，他吹灭了一根蜡烛，然后捐了一百美元。“穆雷先生，我真的是太惊讶了。”那位女士说，“我原本以为你不会捐钱的。”穆雷这位教友派信徒问她，为什么会有那样的想法，在这位女士说完后，穆雷说：“女士们，这就是我捐给你们一百美元的原因。平时正是靠节约，我才有钱去做慈善活动。一根蜡烛其实已经够亮了。”

艾默生曾说过下面这件逸事：“波士顿一位很有钱的商人，他的一位朋友代表一个慈善机构过来拜访，希望他能够有所捐赠。此时，商人吩咐他的手下准备一半的薄饼，而不是圆圆的薄饼，朋友觉得这不是一个好兆头啊。但让他惊讶的是，商人在听完他的话之后，竟然答应捐赠五百美元。朋友表达了他的不解，因为那些只准备半个薄饼的人，才有可能捐赠五百美元啊。但是这位商人说：‘正是因为平时节省了半个薄饼的钱，注意一些小的开支，我现在才有钱可以做善事。’”

目　录

第一章　节约之道

我所学到的第一个教训，就是学会如何花钱——如何利用微薄的薪水，去购买食物、衣服或是租房子。让人奇怪的是，一些人似乎永远都不明白这个道理，而是身负债务，最后满怀着失望之情破产了，觉得无处可归。一个男孩口袋里揣着几美元来到大城市，一定要想办法最低程度地减少开销。了解这些知识，要比给他一处住的地方更加重要。他必须明白，每省下一分钱，就是赚了一分钱。

第二章　成功宝典

他想要成功，却不愿为此付出代价。

他只想从工作中挑出“花朵”，却不愿忍受其中的“刺”。

他将自己的失败归咎为环境或是其他人。

他总是盼望自己能做其他事情，而不是想着如何做好眼前的事情。

第三章 经商宝典

对每个商人而言，一条必须遵守的黄金法则就是，“让自己站在顾客的立场去思考”。

信任是巨大的资产。我们是根据别人的可信度来给予信任的。

没有比欺骗更让人丧失信任的了。当一个人对我们撒谎，我们知道后，就永远都不会再相信他了。

第一章

节约之道

我所学到的第一个教训，就是学会如何花钱——如何利用微薄的薪水，去购买食物、衣服或是租房子。让人奇怪的是，一些人似乎永远都不明白这个道理，而是身负债务，最后满怀着失望之情破产了，觉得无处可归。一个男孩口袋里揣着几美元来到大城市，一定要想办法最低程度地减少开销。了解这些知识，要比给他一处住的地方更加重要。他必须明白，每省下一分钱，就是赚了一分钱。

1. 财富的基石

“新英格兰这个地方，以其土壤贫瘠与自然环境艰苦而闻名，” J.G. 霍兰说，“但要是按每平方米来计算的话，地球上任何其他地方，都无法与这里带来的舒适相比。每个出生在新英格兰的人，一生都在不断努力，希望能改善自身的环境。他们每天都怀着一个明确的目标去工作。新英格兰的富人，都是那些靠着日常数目小的积蓄慢慢累成的。无论他们的薪水多么卑微，他们都不会全部花光。他们一年所赚的薪水的百分之二十五都会储存起来。以这样的方式来积累财富，是非常具有连贯性，甚至可以说是持久的。”

A.M. 戈维讲述了一个怀着要在美国扎根的目标的年轻英国青年的故事。

他之前是个矿工，为了找寻工作，来到宾夕法尼亚州西部的煤矿找工作。虽然他没有接受过多少教育，但在他勤俭持家的妻子的帮助下，下定决心一定要凭借自身的勤奋与节约，来赢得邻居的尊敬与信任。在他与妻子都没有工作的时候，在所租房子的一处辟出一小块地方，就在这里种花与马铃薯。他是一位有着良好习惯的年轻人，绝不会与那些狐朋狗友，在一些愚蠢的娱乐活动上浪费时间与金钱。

所以，当他因为意外，双手脱臼，无法在矿场工作的时候，他还可以到农场用胳膊帮别人晒草，一天的收入是二十五美分。当薪水稍微涨了一点，他就开始存钱；当薪水低了一点，他就觉得自己还刚好够用。因此，凭借着诚实的劳动与勤俭节约的习惯，他在几年的时间里储存了足够的钱，购买了一座不错的农场，他与妻子舒适地住在那里，赢得了邻居们的信任，生活上也彻底独立自主了。

他有一个原则，就是在他要**工作的时候，绝不浪费时间，**也不会因为自己得不到最高的工资而放弃工作，他从不喝酒，总是把钱存起来。当然，也有一些人嘲笑他一直那么勤劳与节约，但他最后因为自身的努力与精明，拥有了属于自己的农场，而那些追求娱乐与浪费金钱的人，多年来则是一事无成。

“一个人首先应该学会的事情是，”安德鲁·卡耐基说，**“要储存金钱。只有通过节约金钱，他才会不断践行节约的习惯——这是所有习惯中最具价值的。节约就是财富的制造者。**这也是文明人与野蛮人之间的一个差别所在。节约的习惯不仅能够让我们获得财富，更能锻炼我们的品格。”

很多年轻人可能看不起一些“零钱”，随意地花掉了，甚至拿这些钱去做一些更糟糕的事情。事实上，这些“零钱”才是形成我们财富与独立自主的基础。美国人的收入，无论是富人还是穷人，年轻人还是老人，男人还是女人，每天的平均工资为五十美分。只有靠平时的节约，我们才有资本去创业。从商业角度来看，那些身无分文的人是最无助的，除非他能够立即运用自身的心智。除此之外，无论是男人还是女人，当他们被逼到绝境的时候，保存自尊的机会与获得公众信任的机会，都在迅速减弱。

这是每代人都会在注意的一个道理，那就是只有那些平时注意“零钱”积累的人，才能拥有巨大的财富或是一定程度的财富。“不要小看日常的零钱。”

在美国的下一次人口普查时，人口可能就会超过一亿了。要是每人一天节省一分钱，那么整个国家一天就能省下一百万美元，一年就是三亿六千五百万美元了。这个巨大的数目，足以影响我们这个国家的整体经济，每个人的份额，都足以影响个人能够过上富足的生活。但想一下，要是每天能够节省两美分、五美分、十美分或是二十五美分，那我们的国家乃至个人，将会发生多么大的变化啊！

“我真希望自己能够在天空下，用金笔写下这样几个字，”威廉·马奇牧师说，“就是‘把钱放在银行里’。”

学校开展的“节约银行”的做法，得到了广泛的好评，因为他们教会小学生养成节约的习惯。西维吉尼亚州的一间小学在施行这样的做法后，孩子们用于买糖果的钱大幅度减少了。女孩子用于买口香糖的钱也减少了；男孩子抽烟的人数也明显减少了。“显然，”《青年之友》的发言人说，“小学生都开始意识到节约的重要性，这不仅是节约金钱，更在于减少毫无意义的花费及戒掉一些不良的习惯。”

教育小孩子不要随便花钱，让他们不要动不动就浪费金

钱，告诉他们如果这笔钱省下来的话，即便自己日后用不上，也肯定是有用的。包装纸、一卷细绳、其他零碎的东西，要是能够不随便丢弃的话，下次就可以继续用，节省不必要的开支。节约的习惯是每个人都应该培养的，因为只有平日的节约，才能让我们过上富足的生活。囤积金钱对小孩子来说不是一件坏事，但也不应该鼓励，而是合理地利用资源，为日后的开支做出打算，这是每个孩子从小都应该学会的。很多商人都非常重视诸如节省扣针或是一卷细绳的价值，所以对小孩子来说，大人们更应该注重培养他们节约的习惯。

“这是一句古老谚语，”威廉·马修斯说，“要想在这个世界过上富足或是独立的生活，唯一的方法，就是在日常生活里养成节约的习惯，将收入支出列出一个明细的账本，避免任何大的开销，最大限度地减少开支。在过去那些教科书里，很多关于节约的重要性的话，比如‘一天一个大头针’与‘肆意地浪费会让你到时候一无所有’，现在看来，这些话语照样适合我们这个时代。一些人遵守了这些教训，在这个世界过上了富足的生活；一些人则无视这个教训，结果过得很悲惨。所有的经验都在告诉我们，要勤奋地工作，平日注重节约，这是获取财富的重要途径，但注重节约与勤奋工作一样重要。

“几乎所有那些积累了大量财富的例子都证明，这些人都非常注重细节上的开支，这才是他们成功的秘诀所在。财富并不是像瀑布那样瞬间向他们滚来，或是一下子从天上掉下来的，而是渐渐地积累，通过年复一年的节省，将别人肆意浪费掉的零钱都集中起来。他们就是将很多没有头脑与贫穷之人认为毫无价值的零钱集中起来——一分钱、两分钱、五分钱，他们都默默地积攒起来——最后他们财富的金字塔就是这样缓慢而成形的。”

很多人之所以毫无意义地浪费金钱，是因为这很“方便”。养成一个把钱存在银行的习惯，那里是让自己不能马上使用钱的地方。如果你所在的地方离银行很远，就存放在一个你无法让自己使用的地方，直到你把钱存在银行里。

“留下过冬的食物吧。”一位绅士对为他服务的爱尔兰人说。不久后，他问帕特里克，昨天他去商店买了什么货。“老实说，什么也没买，”帕特里克回答说，“我按照你的吩咐去做，但昨天雨下得很大，所有钱都用于——喝酒了。”

显然，帕特里克没有将钱放在一个正确的地方，没有把钱存在银行里。

在马歇尔·菲尔德离开到处都是高山的新英格兰，到芝加哥找寻财富的四年后，他成为了柯里与法威尔公司的合伙人。这位年轻小伙子解释了自己在没有背景、财富与影响力的情况下获得提拔的原因，他只说了一个理由，那就是他把自己的钱节省下来了。

班杰明·富兰克林说：“如果你知道如何让自己所花的钱，比你所赚的钱少，你就有了哲学家的思维了。”他还这样说过：“让诚实与勤奋成为你永远的同伴吧，花的钱始终要比你所赚的钱少，你的口袋就会渐渐鼓起来，那些债主就不会上门侮辱你，你也不会饱受匮乏之苦，更不会上顿不接下顿，或是没有衣服穿。”

谁不为他们与富兰克林有所联系而感到骄傲呢，无论他们是城市人、乡下人或只要是同胞，都会为他深感自豪。当我们回首时，发现自己在年轻时的节约，为他日后的竞争力与慷慨打下良好的基础，让他的灵魂能够处于一种高尚的境界，远离感官的刺激，最终过上一种幸福美满的生活，必将日常生活的智慧与基督精神联系在一起，让自己的名字得到永生，那么，我们可能会油然而生一股自豪感。但是，在我们这些人中，不知有多少人是诋毁、讽刺或是指责一个年轻人追随富兰克林的做法呢。

“我认识一位职员，在他二十岁的时候，年薪达到九百美元，但竟然没有剩下一分钱。”威廉·H. 马哈尔说，“他对债务有一种天然的恐惧，在他的收支平衡表上，他总是希望自己的收入一栏能够有更多钱，但是他每年还是花了很多钱。在他二十岁那年，一些事情终于让他开始这样问自己：‘今天你到底把自己的薪水花在哪里了？’他自己也无法回答这个问题。几天来，他都在思考这个问题，最终拿起笔和纸，决心一定要想出一个答案来。这是他这辈子第一次对自己的开销方面感兴趣。他发现原来自己的租房花费了太多钱，一年到头买衣服的钱也花了很多，他给母亲的钱也不少，他的夏日游玩也花了大笔钱，这些开销总共花费了六百美元。难道他不可以只花三百美元，用于娱乐或是其他方面的开支吗？

“他不断地思考这个问题，最后他对自己说：‘按照我目前的状况来看，我一年的花费应该在五百美元左右，明年我将这样做。我的薪水将达到一千美元，我应该将一半的薪水节省下来，我一定要好好努力，无论发生什么事。’

“他到银行开了一个账户，存了十美元，下决心每个星期都要到银行存钱。他知道，要是发生什么紧急情况，他可以从银行取出一些钱来应付，但他也下决心，要是可以避免的话，绝对不这样做。他惊讶地发现，看着自己户头上的资金不断地增长，他感到由衷的开心，但更让他感到开心的是，他终于为未来做出了一个明确的准备。他还是会去戏院，但次数不多了，他不再参加任何舞会了。一年过后，当他回头看的时候，发现这是他最开心的一年。他更好地利用了城市的图书馆，与很多有趣的人交上了朋友。他的薪水在增长，他的银行账户让他感到愉悦。几年后，他有机会更好地在商界里打拼。要是他能够得到一些新的工作机会的话，那个准备签他的人对他的银行存款印象深刻，因为这说明了此人几年来都过着节约的生活，并有良好的生活习惯。”

很多年轻人都未曾仔细地思考过这样的问题，要是他们仔细琢磨一下，就会发现原来之前自己的开销都是漫无目的的，要是他们能有坚定的决心或是计划的话，结果一定会让他们更加满意的。

“一个国家正从困难时期复苏过来，”一位经济专栏的作家写道，“正是因为人们在日常生活中节省下来的巨大财富，虽然在生产处于一个合理的阶段时，人们的消费水平也是各有不同的。要是一个人在花钱时三思而后行，那么我们的国家将会变得更加富有，因为更多生产的东西被节约下来了。从这个事实可以得出一个很多人通常所不理解的真实道理，那就是我们在‘困难’时期，国家更快地变得富有，而不是在商业繁华，每个人似乎都在赚钱的时候。”

这说明了**节约下来的财富，甚至要比流通中的金钱更加重要，因为这让每个在银行有账户的人的钱都更多。**

一位记账人曾说，在《青年之友》听完讲座后，他惊讶地发现，只要他平时在小事上有所节约的话，他就会有钱去买很多非常宝贵的东西。

“我曾下定决心，一定要买一个金表。我是这样省下金钱的：当我感觉自己想吃一顿价格五十美分的午餐时，我只吃二十五美分的，将另外二十五美分的钱存进了我的买手表的账户里，我经常就会这样做。你很难相信，在短短六个月里，我就储存了足够的钱去买一个金表了。”

“但你看起来也没有买表啊。”他的朋友在看到他买表后，生活也基本没有出现什么变化。

“是的。当我发现我可以不吃一顿五十美分的午餐时，我过得很好。接着，我就想，要是没有金表的话，我照样可以过得很好。现在，这笔买手表的款项，已经进入了购买房子的款项了。”

堪萨斯市的一名报业出版商，在圣诞节的时候，为每位报童开了一个银行账户，跟他们说每个人的户头上都有一美金，并许下承诺，要是他们在接下来的六个月里依然有这一美金的话，就再给他们一美金。他手下总共有一百位报童，有五十位成功地获得了另外这一美金，一些报童的户头里，甚至有十美金到十二美金，一位报童的户头上甚至有三十二美金。在第二个圣诞节的时候，一位报童的账户上，竟然有高达一百五十美元的存款。银行的主席对这个结果非常满意，个人出钱奖赏了那些坚持把钱存在银行一年的报童。对报童们来说，这是一个关于节约方面的例子，显示了节约所能带来的可能性，因为很少有孩子明白日常随便积累一分钱，最终会让他几分钱变成一美元的道理。

2. 财富是如何展翅的

买你不需要的东西，迟早你就要卖出你所需要的东西。

——富兰克林

我们将钱花在穿衣上，直到家庭的欢乐与舒适都没有了。用于购买衣服的钱，让我们的储物间空无一物，让我们的食品室没有食物，让我们没有柴火，引来了饥饿、冷漠与悲伤，而原本家庭应该充满平和、舒适的。

——科威尔

一位传奇人物跟我讲述了一位学徒的故事，这位学徒从被扔掉的破烂玻璃中，为教堂建造了一座极为美丽的窗户。在这位学徒将这些破碎玻璃组装起来之前，在他心中已有了完美玻璃的形象，最终将这幅形象拼凑起来。

——N.D. 西里斯

在约翰·W. 麦克那提，这位被称为“一无所有的钱宁”突然暴富时，他还是一个年轻人，对商业知识一无所知，肆意地挥霍着金钱。他甚至会为喜欢的马匹买下马车，并雇佣了一位马夫。在他厌烦后，就将这辆车与马都送给那位惊讶的马夫。类似这样的事情很多，很快就让他过上了贫穷的生活，他不得不重新为每天的生计而奔波。他的生活又一次回到原来的状态，就像是河水突然被洪流一下子充溢了，然后迅速地退去，维持原先正常的状态。

在健康与获得自由的状态下，所有的家庭迟早都会处于他们原先的经济状况。他们变得富有并且继续保持这种富有，只有在他们有能力这样做，或是身体处在世人认为健康的状态下才是如此。**贫穷的压力或是想要自力更生的愿望，让人不得不勤奋工作，节约金钱，反过来，这样做会让我们获得财富，接着，富足就能让我们获得自由，通常会让我们变得挥霍，如此一来，我们辛辛苦苦所赚来的钱自然会消散**，这是迟早的事情。古老的格言通常都是正确的。“富不过三代”这句话就很好地诠释了这个道理，即便存在一些特例，财富最多也只能传到第四代或是第五代而已。

巴伐利亚的疯狂国王卢德威格，从小就不知道金钱的价值。在小时候，他几乎没有什么零用钱。在他十八岁的时候，国家赐给他一袋金子，他第一次买东西，就是为他母亲买了一个纪念章，在付钱的时候，他将整袋金子都递给老板，说：“拿去吧。”要是他从没感觉到金子的价值，那他又怎能知道它的价值呢？接着，他又想在野外公园那里建造凡尔赛宫，或是将沉寂的慕尼黑变成一座世界繁华的城市，在他跟别人说“照我说的去做”与“花多少钱都照样付”的时候，难道不是很自然的吗？

据说，约瑟芬成为皇后不久，法国每年给她的梳洗费用就达到七万二千美元，后来，这个数目增加到了九万美元，但是，约瑟芬皇后总是超支，不得不让拿破仑来给她一些钱。

根据共济会的估计，约瑟芬每年用于梳洗方面的费用，就高达两万二千美元。当我们到她的衣柜里查看她的衣服，知道每件衣服所花的钱后，才知道这个女人为什么能花这么多钱。比如，她的长筒袜几乎都是用白色的丝绸做的，还有很多做工精细的绣花与装饰。这样的袜子一只要花一百五十美元，一双袜子的花费就高达三百美金到八百美金。

她请了两位理发师——一个负责日常帮她理发的，年薪是一千二百美元；另一位理发师则是专门在她出席重大场合前帮她理发的，年薪在一千美元到两千美元之间。还有很多生活细节上的零碎开支，都是如此。

要不是拿破仑具有常识的节约，她的奢侈之风将毫无疑问地在法国的上流社会如野火般蔓延，而法国人民的生活状况，则与她的生活形成了鲜明的对比——

“财富被恶魔吞噬了，留下一大群饥饿的人。”

在历史上，没有比古罗马帝国在这方面的强烈对比，更让人震惊了。帝国内大部分的人，都挣扎在饥饿线上，因为从亚历山大港过来的玉米船延误了，但是上层社会的人，在每次宴会时都浪费着财富，喝着名贵的酒，穿戴着价值数百镑的珠宝，吃着孔雀脑与夜莺的舌头。结果，疾病肆意蔓延，人的寿命也非常短。这时的罗马上层女性的衣着，更是前所未有的奢华。年老的普林尼曾说自己见过罗利亚·宝琳娜在结婚的时候，穿着的婚纱上镶嵌着宝石与翡翠，价值应该超过四千万赛斯特斯（当时的货币单位），而这件婚纱的价格，比她的很多日常衣服还便宜。上层社会的这些人暴饮暴食，贪得无厌，生活奢华，喜欢炫耀，内心空虚至极，想不到还有什么其他方法可以打破沉闷的生活，消除疲乏与绝望。

罗马上层每次宴会所耗费的金钱，几乎超过人们的想象。苏尔托尼斯提到他的哥哥，曾给威特立留斯所做的一顿晚餐，除了其他东西之外，这顿晚餐有超过两百种不同的鱼，七千种不同种类的鸟类，还有一道菜，从它的形状与功能来看，被称为“密涅瓦之神”。这顿晚饭主要由鹦嘴鱼的鱼肝、野鸡与孔雀的脑髓、鹦鹉的舌头等组成，耗费之大让人咋舌。

这些都是极端奢靡的例子，但即便是在这个时代，按照每个人所拥有的财富，很多富人都在挥霍着财富，很多收入中等的人，也在一些开销方面显得很奢侈。

“要养活一个婴儿，需要一个省级区域的财政，”一位精明的观察者说，“我们毫无节制地挥霍着财富，在物质积累与开销方面与别人互相攀比。我们的心思都放在如何更好地生产产品，然后将它们占为己有。这个想法似乎是每个人都共通的，那就是不需要怎样的努力，只要你有足够的钱，新的千年自然会到来。”

“花钱容易，存钱难，”当代一位经济学家说，“幸福取决于我们科学地获得我们想要的东西。无论我们想要什么，都要保留一定的余地，无论这个余地多么小。对那些有固定收入的人来说，要想存钱其实是不容易的。因为生活中会遇到无数的情况、诱惑，或是很多我们无法预见或是无法控制的事情。对那些没有固定收入的人来说，这个问题几乎是不可能解决的。据说，从整体来看，人总是需要过上一年的饥饿生活。当然，能够为接下来的一年积累足够的金钱的人，或是足够他们度过一年的人是不多的，这需要他们在平常生活注重节俭，为未来做好打算。要是能这样做的话，这将有助于我们更为科学地开销。

“事实上，**科学的支出就是科学的储存。要是某人能够存下钱，那么他就能在关键时刻用上。掌握这门科学的关键，在于区分重要的事情与不重要的事情，首先满足重要事情的需求，而第二个要求则在我们有能力的情况下给予满足。**”

无论男女，他们都习惯于满足自己随性的愿望或是任性的行为，P.T.巴尔南说：“一开始，他们会发现要想减少自己各种没必要的支出，是一件多么困难的事情，让他们生活在一间小一点的房子里，而不是原先宽敞的房子，家具也比之前更加便宜，聚会没有以前那么频繁，少一点昂贵的衣服，不用仆人，舞会的人数少一点，聚会、到戏院看戏、乘马车旅行、愉悦的远足、抽烟、喝酒或是其他奢侈的开销都削减，会让他感到非常难受。但要是他能坚持这个计划，将这些小钱都积累起来，合理地进行投资，他一定会惊讶地发现，看着这些小数慢慢变成大数时候的那种快乐感觉，以及在这个过程中培养的节约习惯所带来的乐趣。”

旧衣服、戴过的软帽或是穿过的裙子，下一季还可以穿戴，冲冷水澡或是走一段路，也要比乘坐最豪华的马车旅行更有意义，与人交谈，晚间与家人聚在一起朗读，或是与孩子玩一个小时的“寻找拖鞋”或是“盲人的皮革”等游戏，比需要花费五十美元甚至五百美元的聚会更加有趣。

在我们反省一下每件事情所需要的开销时，我们就开始懂得节约的乐趣所在了。很多人过着贫穷的生活，也有很多人在赚取了一大笔钱后，原本可以让他们过上富足的生活，但是却这里花一点，那里花一点，最后又回到了贫穷的生活。一些家庭每年的开销达到几百美元甚至数千美元，而其他家庭的开销在前者开销的二十分之一，依然过着舒适与充满乐趣的生活。

富足要比逆境更加折磨我们，特别是在我们一夜暴富的时候。“来得快，去得也快”这句古老的格言不假。骄傲与虚荣感一旦放任，就像是让人得了溃疡的蠕虫一样，撕咬我们所拥有的财富，无论是大是小，是数百还是数百万。

很多人在他们刚刚有钱的时候，立即增加自己的开销与享受方面的开销，结果在很短的时间内，他们的开销就超过了他们的收入，最后他们因为保持形象的荒唐举动而毁掉了自己。

“我认识的一位很富有的绅士曾说过，在他刚开始有钱的时候，他的妻子就觉得她必须要买一张全新柔软的沙发。‘那张沙发花了我三万美金。’他说。在买了这张沙发后，发现很有必要去买张桌子来陪衬，接着又是茶具、地毯与椅子等‘配备’。当这些家具都买完后，妻子发现这个房子太小了，而且显得很旧。于是，他们就花钱建造了一间全新的房子。‘因此，’这位朋友说，‘一张沙发最后引发了三十万美元的开销，还要请一些仆人或其他开销，只为了撑起门面。一年这样的花费就要七千美元，这真是一笔巨大的负担。十年前，我们住在那个家里都感觉非常舒适，因为我们不需要考虑别人的眼光。事实上，那张沙发差点让我破产。要不是我及时刹住车的话，我现在肯定又回到原先贫穷的生活了。”

要想过上富足的生活，你必须要学习，必须要去获取与感觉金钱的价值。永远不要忘记一点，据一位精明的作家说道，你在合法的职业里通过诚实劳动赚来的金钱，就是你在你所在的小区所具有价值的衡量标准。

3. 金融领域就如竞技场，行动与反应力都同等重要

“我发现这个世界有足够的金钱分给每个人，如果这些钱都平均分配的话，”一位习惯挥霍的人对他富有的朋友说，“那么就应该这样做，每个人都会感到高兴。”

“但如果每个人都像你这样的话，”他富有的朋友说，“那么，这些钱就会在两个月内被花光。到时候你怎么办呢？”

“哦，那再分啊，当然是继续分啊。”

从理论上来说，这样的分配对解决每个人遇到的经济困境，不失为一种轻松与有趣的方式，但在实际生活里，在这个充满竞争的世界里，那些有钱人无不一致、毫无妥协余地地反对这个计划，反倒是宁愿我们给予他们相关的服务，再按照这样的服务给予我们回报。

“此刻，我不会去讨论这个问题，”弗洛兰斯·贝尔说，“关于富人是否愿意去做绝大多数人认为‘正确’的事情的可能性。因为要是根据利他主义的信条出发的话，那么这根本就不需要花时间去讨论这个问题。我将不去重复说明这样一个在很多人看来是睿智、实质是愚蠢的形式的东西。就整个社会天平平衡的层面两端，一部分认为富人理所应当该将部分财富捐

给那些需要金钱的人，因为穷人的确需要这些金钱。

“在这两个例子里，我想说，要想了解他们是否做到了其中一点或是其他一点，是可以的，虽然这意味着要比单纯向‘被救济者’进行一番不情愿的说教耗费更多的精力。有时，从个人的角度出发，这可能是行得通的；但若是站在小区角度来看，则可能是不现实的。两者之间的关系，乍一看好像是相互交叉的，但我们可以说，不能因为害怕损害一方的利益而受到诱惑，而要耐心与认真地解开两者缠绕的地方。在一般的情况下，两者的关系都是互相缠绕的。

“当然，对那些真正身处匮乏之中的穷人来说，那些为人慷慨的人就会尽可能地给予帮助，帮其他人解困。就如法国人所说的，给他们钱，剥夺他们给予别人的回馈，晚上坐在邻居家的病床边，分享别人的烦恼——我甚至会说这样的一种心态，会激发出某种高尚的情愫。对很多相似情况，那些掏出钱包或是写封信慰问的人，都压根儿没有察觉到。可能这是不可避免的吧。

“这些日常的英雄主义与自我牺牲，付出了自身的精力，分担着别人的痛苦等行为，都是不可能通过理论来学到的，更有可能是让某人代替你去做这样非凡的举动。这真的行得通吗？毕竟——这能做到吗？难道真的有这么高的道德准绳，是那些富人们所无法达到的吗？要是环境没有将他们某些人性中最美的品行激发出来，这些品行就要永远地沉睡了吗？如果真是这样的话，让我们从正确的地方找寻解药吧。

“节约不是我们这里所需要的美德，事情没有那么简单。**我们所需要的，是要对所处的环境与际遇进行反抗，不让自己成为环境的牺牲品，保持内心的理想之火，深信抵抗环境的同化是非常必需的。**但是，那些过着阳光与富足生活的人，也有可能错将他们的满足感与知足，认为是道德高尚的表现，不需要对自己进行什么检讨。

“柏拉图告诉我们，在你又老又穷的时候，是不可能快乐的。因此，我们就假设，如果你老的时候很富有，那么你自然就能快乐了。但即便这样的条件满足了，显然这些本身都不是一成不变的——因为要是那样的话，我们都是一群富有的老人，在所在的小区都能共享——但这不是卓越的最高形式。这种所谓的满足，源于饱食过后的安静，你过上属于自己那份美好的生活，可以知足地坐下来享受人生。这并不是哲学或是精神方面的范畴，不是努力与期望就能达到的。

“那些身处让人沮丧环境的人，已经觉得自己就是这样了，根本没有想要争取更多的愿望，因此他们也不会为此奋斗。这样的想法可能会扼杀奋斗的冲劲，无论是在道德还是心理层面，都是如此。无论对于我们的才智还是品格，都可能认为让自身满意的发展，可以透过顺境来获得自然的满足。但是，这种状态，这样的‘顺境’从整体来说，不过是一般人所希望得到的目标而已，这是次等的。

“在获取金钱的过程中，承认金钱的价值，或是拓展自身的见识，对这个世界的美好事物有所了解，我们必须要发现，还有很多低于最高层次的秩序。那些天生富足的人知道这点。幸运的是，**很多人天生就不富有，但他们不希求更多的东西，**他们的潜能都被神性展现在他们某些伟大与光荣的天赋里——或者，他们浪费了这些天赋，对某个更高理想进行沉思与追求。”

4. 需要的时候说“不”，免去你很多麻烦

“还有一点很重要，那就是在适当的时候学会说‘不’。”萨缪尔·斯迈尔斯说，“当诱惑来袭或是引诱袭击的时候，立即说‘不’，一定要非常果断与没有商量的余地。——‘不，我承担不起’这句话，是很多缺乏道德勇气的人都不敢说的，他们认为这只能满足他们自私的欲望。他们无法进行自我克制，他们时常向别人屈服，做出让步、放任自己，最后通常落得贪污公款、诈骗或是自我毁灭的下场。社会对这些例子是怎样评判的呢？‘一个生活超过自身承受能力之外的人。’那些他曾经让他们开心过的人，没有一个人会感激他，也不会有一个人怜悯他，更不会有一个人去帮助他。

“每个人都知道一个不会拒绝别人的人。他是每个人的朋友，除了不是自己的朋友。他很快就将自己的钱花光了，然后向自己的朋友借钱，承诺肯定能够还。在将最后一分钱花光后，他死在自己愚蠢与笨蛋的臭名里。

“他人生的轨迹似乎是被别人所指引，别人让他做什么，他就去做什么。无论是他自身的想法的确是与别人产生共鸣，还是他不愿意冒犯别人，所以始终不愿意拒绝别人。但可以肯定的是，别人很少叫他去签署一份申请或是作什么承诺，或是

借钱给他，抑或是签署一张账单。大家都知道他是什么为人，因为他没有道德的勇气去拒绝别人。

“他的父亲留给他一笔财产，足够他过上舒适的生活。他身边那些狐朋狗友马上就走过来，也想从他身上分一杯羹。这就是他说‘不’的时候，但他做不到。他已经习惯了妥协，他不喜欢别人讨厌自己的感觉，不忍心去拒绝别人，别人只要有所强求，就心软了。这些狐朋狗友无一不是向他的钱包下手。在他还有钱的时候，朋友总是那么多。他是一位大家都能通杀的人——也是每个人的‘取款机’。他的很多关系特殊的朋友经常对他说：‘只要帮我签了这份合约就行了。’‘这是什么合约？’他会轻声地问，就这样简单地走过程序，他还为自己的小心谨慎感到自豪！但他从来不懂得拒绝别人。三个月后，一份数目相当大的债务到期，他的朋友们都去找这位‘大家的朋友’——这位不懂得拒绝的人。”

在人生早年就要学会“我做不到”这样的话。这其实说明你的力量、勇气与为人气概。富兰克林就说过：“真正毁掉我们的，不是我们对自己的看法，而是别人对我们的看法。”

“追求时尚要比人穿衣本身更加迅速地抛弃衣服。”莎士比亚曾这样说。

“从某种程度上说，我们每个人都是‘生而自由与平等’的，这是一句非常光荣的真理。”P.T.巴尔南说，“但是我们每个人出生时都不是一样富有，而且，每个人也绝不可能出生时都一样富有。一些人会说：‘有些人一年的收入有五万美元，而我的年薪却只有一千美元。我知道他当年也像我一样穷，现在他有钱了，就认为比我厉害。我要向他证明自己与他一样厉害。我也要去买一匹马与四轮马车——不，我不能这样做，但还要请一位马夫在这个下午驾车载我像他过往那样兜风，向他证明我与他一样厉害。’

“我的朋友，你不需要为此感到烦恼，因为你非常轻易就能证明你与他‘一样厉害’。你只要在举止方面与他一样就可以了，但你不能让其他人觉得你与他一样富有。除此之外，要是你为了那些炫耀的东西，浪费自己的时间与金钱的话，你那贫苦的妻子就会在家里捉襟见肘。你不能一次性买两盎司的茶叶或是其他类似的东西，只为保持自己的形象。想着去欺骗所有人。另一方面，史密斯夫人可能说，她隔壁邻居嫁给约翰逊是贪图他的金钱，‘每个人都是这样说的’。她的丈夫披着一条价值上千美金的骆驼毛披肩，所以，史密斯夫人也想让史密斯先生给她买一条。她到教堂的时候，肯定会坐在她邻居隔壁的长凳上，为了证明她不输给自己的邻居。

“我的好姐妹们啊，要是你的虚荣与嫉妒占据心灵的话，你是不可能在这个世界上有所成就的。在这个国家里，我们相信大多数人都应该是主人，我们忽视时尚的原则，让少数人在那里霸占着话语权，为完美制造一个错误的标准。为了追上这样的标准，我们变得越来越穷，为了自身外在所谓的形象，不断地给自己挖坑。要是我们做一个追随本心的人，对自己说：‘我要量入为出，留下过冬的粮食’那该多好啊。人们在花钱这个问题上，应该与赚钱一样敏感。有因必有果啊。要是你走上了一条必定走向贫穷的道路，你是不可能积累财富的。那些有钱使劲花，不考虑自己未来的生活的人，是不可能实现财富自由的，这是非常浅显的道理，不需要预言家来告诉你。”

“每年，都有很多年轻女士来到城市，”W.J. 提利引用华尔街一位经济分析师的话，“她们放弃农场、乡村的商店，及在小城镇上的一些杂活，梦想着到大城市分享商业的繁华与贸易的果实，却根本不知道自己那么微薄的薪水该怎么活。

“我所学到的第一个教训，就是学会如何花钱——如何利用微薄的薪水，去购买食物、衣服或是租房子。让人奇怪的是，一些人似乎永远都不明白这个道理，而是身负债务，最后满怀着失望之情破产了，觉得无处可归。这就是她们对城市的印象。**一个男孩口袋里揣着几美元来到大城市，一定要想办法最低程度地减少开销。了解这些知识，要比给他一处住的地方更加重要。他必须明白，每省下一分钱，就是赚了一分钱。**看看我们国家的那些富人吧。很多人都曾在他们商店的柜台上睡觉，早餐只吃面包与牛奶。读一下 A.T. 司徒瓦特、埃德温·D. 摩根、约翰·雅各布·阿斯特、皮埃尔·洛里拉德、亚萨克·T. 夏尔曼、杰·高尔德与柯内留斯·范德比特等人的故事吧。**为什么那些人这么富有，因为他们都是花很少钱填饱肚子与购买衣服。他们的财富都是他们节省下来的。**”

“一分钱能用来做什么呢？”一位传教士问道。“一分钱本身可以买很少东西，可以买一块法国脆饼，或是一根棒棒糖。在人们有空使用这一分钱的时候，它的这些神奇作用就会消失。这一分钱可能从主人的口袋里消失，因为它买不了一块面包或是支付车费，也很难去做一些重要或是有趣的事情。但让人惊讶的是，即便是穷人的孩子，都有很多一分钱的硬币。

“虽然一分钱本身的用处不大，但是多一分钱就是多了一份力量。如果一位男孩的母亲，每次在他问她要一分钱的时候，都将这一分钱放进一个小盒子，而不是给他花了，那么到年末的时候一看，就会发现到底积累了多少钱。你猜会有多少钱呢？让你的母亲这样试试，看看结果如何。至于金钱的倍数乘法，你永远无法想象一分钱要是经过乘法的运算后，会得出怎样惊人的结果。事实上，这只是无足轻重的一分钱而已，但要是乘以一百的话，你就能得到全新的一张一美元钞票。

“要是二十万个男孩女孩都拿出十枚一分钱硬币，无论是大是小——他们能做什么，你觉得呢？他们可以支付薪水，可以拜访数十间教堂，给每间教堂捐赠数千美元去做他们的工作。他们还可以帮助建造一些新的教堂。”

要是将每一分钱都积累起来，那么这笔钱足以请很多人去劳动，让很多轮子转动。我们这个时代的很多累积的财富，都是由一点点小利润构成的。但这些小利润必须要一点点地叠加，否则就不会产生巨大的结果。

5. 远离债务，远离危险

年轻人的生存之道，在于他是否按照自己的收入来控制支出。

那些有错不改的人，就像拿着一把斧头，不断地将自己这棵价值之树砍掉。

——东方诗歌

所有的财富都是建立在节约的基础上。

——J.G. 贺兰

债务与其他陷阱一样，人都是很容易陷进去的，但却很难抽离出去。

——W. 萧

从某种意义上说，每个人的大部分时间都必须要得到消耗，因为需要排出个人身上的一些“废物”。让人惊讶的是，为了创造某些东西而利用或是牺牲一些东西的原则是这么广泛。我们一生三分之一的时间都用于睡觉。在我们充满活力的两个小时里，就必须要牺牲一个小时去为这两个小时做准备。

——H.W. 比彻

“议长先生，”来自罗安诺克的约翰·兰多夫，突然打破会场的宁静。当时，他在美国众议院参加会议，只见他从自己的位置上站了起来，“议长先生，我发现了。”会场一片沉静，接着，他突然大声说：“我发现了哲学家的智慧，那就是：‘当场付清’。”

“但假如我没钱付清呢？”一位年轻人在叔叔跟他讲了这个故事后，突然这样反问道。

“那你就走不了啊！”叔叔回答说。

“什么？那你就去早点工作。”拿破仑大声地说。在他走去澡堂的路上，听到了一个人在哼着调子，原来这是他的一位秘书。这位秘书已经在拿破仑身边工作了一段时间。“你看，”他接着说，“这就是例子。我们应该对自身的工作感到满意。你的薪水是多少啊？”

“陛下，年薪一千二百法郎。”那位秘书回答说。

“欸，不错。”拿破仑说，“按你现在的年纪，这样的收入已经很不错了。我想，你应该有自己的房子了吧。”

“是的，陛下，我有了。”

“欸，难怪你有这么好的兴致唱歌了。你肯定是一个非常快乐的人。”

“是的，陛下，我本应该是一个很快乐的人，但并不感到快乐。”

“为什么呢？”

“因为很多‘英国人’都在折磨着我。我有一位年老的父亲，双目失明了，家里还有一位妹妹没有出嫁，所有人都靠我一个人养活。”

“但是，先生，”拿破仑说，“养活父亲与你的妹妹，这只是每个好儿子都必须要做的事情啊。那这又与‘英国人’有什么关系呢？”

“那些人，”秘书回答说，“他们借我一些钱，我没有能力还。所有欠债的法国人都将他们的债主统称为‘英国人’。”

这才是年轻的秘书这么勤奋工作的原因。他度过了一个个不眠之夜，想着该如何偿还自己的债务，早上醒来却发现思绪混乱。为了摆脱这样的情绪，他只有靠唱歌来获得一时的解脱。

“够了，够了！”拿破仑说，“我明白了，你欠债了。你薪水这么高，怎么可能欠债呢？我不希望自己手下的人欠别人的债。从这一刻起，你被解职了。再见，先生。”说完这些，他丢下了那位感到绝望的秘书。但没过多久，一位助手就走过来，递给他一张纸，对他说：“这是陛下给你的。”这张纸上写着：

“我说过要将你解职，因为你活该。但我想到了你年迈又失明的父亲，还有你尚未出嫁的妹妹，我原谅你。还有，因为你的家人才是你不当的行为最大的受害者，我会一次性地给予你一笔两千法郎的钱。这笔钱可以让你偿还债主的债务，让你免于羞愧，从此以后不会再任他们宰割。要是你做不到的话，那你以后再也不用回来了。”

“如果你想考验一个年轻人，看他是具有国王还是臣民的品格。”詹姆斯·帕尔顿说，**“给他一千美元，看他如何使用这笔钱。如果他天生具有统治者的气质，他会将这笔钱存好，随时为机会做好准备。如果他一辈子只能是为别人打工的话，他会立即将这笔钱花掉，满足自己的各种欲望。”**

“管理金钱的第一个艺术，”布尔维尔说，“就是内心的所有的想法都要达成一致，这句话只有三个字，就是：‘怕欠债’。

“要珍视自己的金钱，永远要对债务保持着一种恐惧的心理。个人的自由才是个人尊严与个人快乐的最大保障。债务对人来说，就好比毒蛇对小鸟一样致命。它的双眼让人着迷，但气息是有毒的，它的缠绕会折断你的肌肉与骨头，而它的毒牙会将你送进坟墓。如果你对我的比喻不以为然，如果你无视这样的真理，那你也没必要花时间去学习管理金钱了。想象一下自己无路可走的时候，想象一下你可以迈着愉悦的步子，想象一下前面的道路充满阳光，可以让你轻松自在。但如果在我写出这样的文字时，你忠于内心的灵魂对我的话语有所共鸣——如果你说‘我同意你说的话，你说的关于管理金钱的第一条法则是对的。我认为自由是必需的，个人的诚心也是必需的——'那么，你只需要走自己的路，无论你走过多少弯路，你肯定能够前进的。你会看见荣耀的殿堂，而在这座殿堂背后，就是财富的殿堂。你可以穿过一个殿堂，到达另一个殿堂。"

"三年前，你非常崇拜的某些受人尊敬的人取得了成功。这些人现在又到哪里去了？在被告席上，在监狱里，在废船里。什么？那位富得流油的银行家，那位吃饭所用的碟子足以让王子眼瞎的富人"？——或是那位发迹的职员，每天都驾驶者豪华马车上班的人？什么下场，也在监狱！他犯了什么法呢？诈骗。是什么魔鬼让这些原本受人尊敬的人，做出如此耻辱的犯罪行为呢？我不知道这个魔鬼叫什么名字，但造成他们犯法与落魄的原因，你可以去问他们。你会得到什么答案呢？"我欠债了，我没钱还债，只能去诈骗，最后被审判，被投入监狱里了。"

"远离债务很容易吗？不，我年轻的朋友们，这很难做到的。你很有钱吗？那位和蔼的商人会说：'你随便给点钱就行了。'你的租期或是父亲的借款，在三个月内不会到期的。你口袋里的钱无法让你满足自身的一些不良的嗜好或是奢侈的享受，在你看来，这些都是必需的。你必须要摒弃这种缺点，或是享受你没钱支付的东西。没人知道这位充满魅力的商人过得怎样，不知道他的人品怎样，他像一个可蔼可亲的生物，内心却狡猾得像一只狐狸，在天鹅绒般的皮毛下隐藏着利爪。他的行为举止让人愉悦，他的事业就是——放高利贷。你需要这笔钱，周期是三个月。为什么要说三个月呢？你在借债单上签的名字会让你犯错，但你却想着下一个小时的娱乐。当然，签个名字是件很容易的事。但千万不要这样做啊！现在，你欠债了，那位魔鬼已经把你锁定了！

“此时，你面临着下一个危险。你不会自己招惹债务，但你有一个朋友，这位朋友名叫皮迪亚斯，你们俩非常熟悉，也经常见面，他对你说：‘达蒙，做我的担保人吧，把你的名字签上去吧！’

“要是你的朋友皮迪亚斯没能力还这笔钱，你能够偿还吗？如果你不能偿还，或是你欠别人的钱，比皮迪亚斯这笔更为重要——欠你的父母、你那生活艰苦的妻子或是未婚妻，或是你那未出生的孩子，他们都需要你的这笔钱——不要为皮迪亚斯做这样的担保，要是遭受什么损失的话，不仅是你自己，还会连累很多人。只要你有常识、有责任，就不会为皮迪亚斯做担保。万一你到时候没钱呢？

“‘我的名字！’达蒙语气含糊地说，‘我不过是担保人，去找皮迪亚斯吧。’

“皮迪亚斯已经跑路了。

“达蒙，还钱，不然我们就不客气了。

“原谅我的啰唆，一般认真的人都是这么多话的。我一直过着光明正大的生活。哎，我原本美好的未来，不会要在监狱或是流放中度过吧。即便你的才华之花盛开得多么绚烂，在没有结果之前凋落了，多么可惜啊。不知多少美德最后堕落成最卑贱的东西。直到那人惊讶地大声疾呼：‘你有如此美好的一个开端，怎么会落得这样的下场呢？’问题之所以无法解决，根源在于达蒙无法从他第一次犯的致命错误中走出来，他把自己的名字，签在了一张原本是皮迪亚斯答应在三个月后要还的欠单上。

“要想解决这几个重要问题，第一点，不要有机会就向别人借钱，无论你们相隔是否遥远，你可能无力偿还；第二点，不要在你根本没钱的时候借钱给别人；第三点，不要为别人作担保，要是别人无力还钱，你该怎么办呢？——你刚开始踏上人生旅途的时候，其实就拥有了一定的优势，无论这种优势是大是小，这些都是属于你自己的。无论你一开始是富是穷，你都是一个自由身，你要下定决心保持自己的自由，让自己身处在一个高尚的环境里。”

那些大手花钱的人，一般都是借钱的人。人们通常将这些人称为“贫穷的查理”，他去向别人借钱后，到头来还是自己过着悲惨的生活。**债务是一个人所背负的最为糟糕的东西了。**

“不要让任何人成为你的债主，”一位著名的顾问说，“除此之外，我无法给你更好的生活名言了——无论你是作为儿子面对父母，员工面对老板，丈夫面对妻子，父亲面对小孩，欠债人面对贷款者——都一定要下定决心，不能让任何人成为你的债主。节约是一颗种子，你必须要提前播种，你才能在接下来的日子获得丰收。经济的独立对人们生活的美德与快乐，具有极为重要的意义。无论付出多么大的代价，都要避免陷入债务的痛苦之中。想想自己作为一个男人应有的责任，是男人，就要承担男人的责任。一定要有‘不让任何人做我的债主’的决心。有人说，如果能做到这点的话，那你就很好了。财富自然会向你靠拢，你会成为生活的幸运儿。只有那些穿鞋的人，才知道脚部哪里不舒服。我是从一开始就与之作抗争的，一直到最后。当你拿自己的生活与别人进行比较的时候，最好记住一点。无论在谁的人生里，即便是那些看起来非常风光与美好的人，都会有一个‘坟墓’，埋葬着死去的希望与没有完成的梦想。”

“远离债务，就像你远离魔鬼一样。”比彻就是这样告诫自己的儿子。**下定决心，绝对不能因为个人的开销，而让自己的名字出现在别人手中的欠单上。**很多人贪图便宜，买了很多条领带或是很多贵重的东西，其实这样的做法非常不好。每个商人都不可能让自己亏本的，他们肯定要自己赚一笔的。

“一年的收入，”米卡贝尔说，“是二十英镑。一年的支出是十九点六英镑，这意味着快乐。若是一年的收入是二十英镑，支出是二十点六英镑，这意味着悲惨。”

“一个负债的人，就不再是自己的主人了，”斯迈尔斯说，“他必须要受制于那些债主，他成为了律师的靶子，成为了债主的笑柄，更是邻居嘲笑的对象。他在自己的家里成为了奴隶。他的道德品格不断跌落，最后被践踏，甚至连他的家人对他的怜悯之情都近乎鄙视。”

“那些刚踏入社会的年轻人，一定要避免陷入债务，”

P.T. 巴尔南说，**“没有比债务更能让一个人如此迅速地深陷进去的了。**我们发现很多‘年轻人’已经深陷债务之中。这样的年轻人对他的朋友说：‘看看吧，别人借钱给我买了这套新衣服。’他似乎觉得这件衣服是别人送给他的。事实上，很多人就是这样想的。但如果他成功地还了钱，又继续向别人借钱，**一旦他养成这样的习惯，也会让他一辈子过得很悲惨。**

“债务让人失去自尊，有时甚至连他自己都会鄙视自己。在别人催债的时候，他会为自己吃过的食物或是穿过的衣服进行埋怨、感到不满，不得不要生要死地工作，因为他根本没有钱。这样的状态可以说是‘为了一匹死马而工作’。我不是说那些商人利用彼此的信用进行买卖的行为，或是那些借债只是为了日后赚取利润的做法。我的一位农民朋友，他对儿子说：‘约翰，千万不要向人借钱。但如果你真的需要的话，用这些钱买肥料，因为这会让你还清债务的。’”

从某种意义来看，**金钱就像火——它是非常好的仆人，也是非常可怕的主人。当你让金钱控制着你，当利息在不断地往上滚，那么你将处于一种最可悲的奴役之中。但是，让金钱为你工作吧，那么你将拥有全世界最忠诚的仆人。**只要你合理地使用金钱，任何仆人或是其他东西，无论是否具有生命的，比金钱更能忠实地为你服务。无论白天还是黑夜，晴天还是雨天，金钱都照样为你工作。

要想做到最好，你必须要掌控着自己。如果你深陷债务，那么你的一部分就属于你的债主。没有比债务这种东西更能挫

伤年轻人的锐气了。

“饥饿、衣衫褴褛、寒冷、艰苦的工作、猜疑、不公的批评，这些都是让人所不愿面对的，”贺拉斯·格里利说，“但债务无疑是其中最恶劣的一种。如果我一周只有五十美分去过活的话，我会用这些钱买一大袋的玉米，然后烤干，而不愿意欠任何人一美元。”

“债务这个‘父亲’会有多么丑陋的‘后代’啊！”道格拉斯·W.杰罗德说。“这会让人变得多么卑鄙，多么伤害我们的自尊，让我们表面做一套，暗地里做一套！在我们风华正茂的时候，就在稚嫩的脸庞刻上深深的痕迹，它就像是一把尖刀，插进诚实之人的心脏。而且，**债务还会让人发生变化——它会让一个原先面容善良的人戴着面具；让原本真诚的人，变成可恶的骗子！**

“远离债务，即便你冲冷水洗澡，你也能感觉到内心的温暖；即便你吃面包屑，也觉得可口；即便只能煎一只鸡蛋，你也觉得美味！可以肯定一点，那些因为到外面喝酒而欠债的人，即便他每天吃着小点心与洋葱，吃着山珍海味，也不会觉得可口。至于服装方面，要是你用自己的钱买下衣服，即便是布衣，穿在身上也觉得暖和！即便是绫罗绸缎，如果是你借别人的钱买的，也不会让你觉得开心，因为此时你心里明白，债主在惦记着你呢。

“下次，想象一下作为一个自由之人，感受一下家庭的温暖，享受野外活动的娱乐。每天门铃的响声不会让他感到担心。即便他住在三楼，但楼梯上别人走过发出的声音，还是让他身体颤抖一下。要是他是自由的，他一听到门铃响了，就说：‘请进来！’他的心跳也完全处于正常的状态。他会希望看见别人，喜欢观察别人的一举一动。

“贫穷是一杯让人痛苦的酒，喝下去有时会对我们有所帮助。可能喝下这杯‘酒’的人会脸色苍白，但毕竟这是苦口良药啊。但是，无论是看上去多么友善的债务，这杯酒都是一杯毒酒，虽然闻起来很香，却会置你于死地。

“我的儿子啊，在你贫穷的时候，去看看流动的泉水下面的青草，去看看上个星期的水位现在到哪里了，想想即便你只有一件衣服穿，并且只能住在一间刷白的阁楼里，但你没有欠债啊，这里就是最好的落脚处了。记住，无论如何，远离债务。那么你的心就能安宁，债主就会感到挫败。”

当代的**政治经济学不断在鼓吹一点，借债买房子或是创业是一件好事，可以锻炼我们的品格。如果一个年轻人在踏入社会的时候，脑海里有这样一种观点，认为债务就是一种束缚与耻辱，而贷款更是比疟疾更可怕，欠别人你不能还的钱——除非是遇到了不幸的情况——这根本与盗窃没什么区别。那么，他至少能够获得一定程度的成功，**并且在老年时免于成为朋友与国家的负担。

“不要欠任何人钱。”圣·保罗这样说。

6. 要想富足，必须要“全力投入”

“**要想赚钱，你需要一个清醒的头脑，**”P.T. 巴尔南说，“**一个人必须要明白二加二等于四，在行动之前必须要深思熟虑，仔细地审视每个细节，对比收支的状况。如果一个人缺乏计划，没有运用理智去执行计划，无论他多么聪明，都无法获得商界上的成功。**如果他的大脑处于一片混沌的状态，他的判断力被酒精所麻醉，他是不可能获得成功的。不知有多少的良机，在你与朋友‘觥筹交错’间浪费了，一去不返！不知有多少人在酒精的作用下，做出了愚蠢的交易，自己被人卖了，还帮别人数钱。**不知有多少重要的事情被延迟到明天，结果永远地延迟了。**因为酒精让人处于一种麻木的状态，将取得成功的最为重要的能量都抵消了！

“老实说，**酒精就是用来嘲笑人的。养成了酗酒的习惯，就好比是人抽鸦片上瘾了一样。这是一种无法遏制的邪恶，**在哲学、宗教或是常识面前，都根本无法辩护。酒精几乎是我们国家所有其他邪恶的发源地。”

新奥尔良的一位画家，在他的同事在工作期间外出喝酒的时候，就将别人喝酒的钱储存起来。他坚持了五年这个计划。当他回过头查看自己的银行账户，发现自己已经存了五百二十一点六六美元。在过去五年里，他从来没有因为生病而请假。而在那五个时常到外面喝酒的人中，有三个已经成为了酒鬼。那位之前以水代酒的画家则成立了自己的画室，拓展了生意。在他存那笔钱的二十年后，他已经有了十万美元的存款。

“这看上去可能很奇怪，”一些公共卫生专家说，“但这就是事实。要是酒精进入了原先节约的农民的肚子里，就像他农场的栅栏被移除，羊群就会践踏他的庄稼，糟蹋果树，最后他不得不要抵押农场，最后整片农场上只有野草与蓟草了。酒精会让他的家失去光彩，打碎他家的玻璃，最后变得家徒四壁。酒精会让他的衣服失去光泽，让他原先得当的举止变得不雅，酒精会扭曲他的理智，唤醒他的冲动，给他的家庭带来悲伤与耻辱，最后像一个酒鬼那样走进坟墓。酒精会让工匠与资本家、妇女与少女，还有农民这些人受害。因为**酒精就是人类最大的敌人，不放过任何沾上他的人。**”

当你沉迷于放纵的时候，你就不会意识到金钱所具有的意义，这会让你的财富像野草一样，被大火烧个精光，让你所有的能量与动力都被消耗殆尽。最近，很多日报都在报道一位挥霍之人，浪费掉了他祖父遗留给他的十六万美元、他叔叔留给他的四十三万五千美元的财富，还有他母亲留给他的三十万美元的财富，让他每年可以享用一万两千美元。即便如此，他还向自己的一个兄弟与姐姐借了很多钱，从自己的妻子那里又借了很多钱，最后还欠下两万九千美元与价值四万六千美元的资产。他是在三年之内完成这一“壮举”的。

7. 一天一分钱，让他拥有了一座图书馆

“你怎么有钱买这么多书的呢？”他的一位年轻朋友，在看到他的房间里有超过一百多卷的书时，惊讶地问道。

“哦，这个小图书馆是我每天一支雪茄的钱。”他回答说。

“怎么说呢？”

“我的意思是，当你以前劝告我说要像一个男人那样去战斗，叫我学着抽烟的时候，我看到一位年轻人，用别人花在抽雪茄上的钱来买书，于是，我就学着做了。你肯定还记得，我说过每天要抽一支雪茄的话吧。”

“是的，我记得。”

“嗯，事实上，我并没有抽。但是我每天将一支价值五美分的雪茄的钱积攒下来，随着这笔钱慢慢累积，我拿钱去买书——就是你今天所看到的书了。”

“你是说买这些书所花的钱，就是每天不抽雪茄所积攒下来的钱吗？不会吧，这些书少说也要一百美元吧？”

“是的，我知道这需要不少钱。在你劝告我要学着如何成为一个男人的时候，我当了六年的学徒。我每天将钱都积攒起来，**数额就是每天五美分。第一年过后，我积攒了十八点二五美元，这样六年下来就是一百零九点五美元了。**我是用自己在

当学徒这六年时间不抽雪茄的钱买了这些书。如果你以前也像我这样的话，你肯定会比我省得更多，而且还可以在商业上做一些投资呢。”

“维持一个坏习惯，就等于多养了两个孩子！”这句话多么有道理啊！

“但是，”一位喜欢抽烟的人说，“我是直到二十岁才抽烟的，每周我抽雪茄不超过八根，每根的价格也不超过十美分。”

“这看上去是一笔很小的数，”他的朋友说，“但如果你每周将八美分积攒起来，每半年就拿出百分之七做投资。在你六十岁的时候，你将会得到多么丰厚的回报呢？”

这位抽烟者算术能力很强，很快就回答说：“八千三百一十一美元。”

“很好，”朋友说，“现在，你将这些钱放进你的烟管里，抽掉吧。”

“每天花掉十美分，”一位美国作家说，“那么，一年就花掉了三十六点五美元，这笔钱就是六千美元存款一年的利息啊。所以**那些每天节省十美分的人，其实与那些感觉自己好像拥有价值六千美元财产的人一样富有。”**

抽烟耗费金钱或是损害健康也就算了，更重要的是，让我们失去自由与独立。很多抽雪茄的年轻人，都不能理直气壮地说自己的灵魂就是自己的。一位烟民最近说他经常要走路到一个镇上，只为节省下车费去买一包烟。

8. 成功的商人明算账

不要浪费时间与金钱，可要最大限度地利用两者。

——富兰克林

“养成将个人开销记录下来的严谨习惯，对我们具有良好的教育意义。”

那些对自身的无知毫无所谓的人，离贫穷不远了。

——约翰逊

她不铺张，害怕浪费，
明智地管理着收支，以求更加稳健。
任何必需的东西，她都会买。
当别人都注重形象时，她依然如故，
保持着警惕，不断增加自身的存款，
节省金钱，让自己可以拥有更多。

——德莱顿

“很多人经常问我成功有什么秘密，”托马斯·J. 利普顿说，**“无论在人生什么阶段，都要保持节约的习惯，注重节省**

金钱。年轻人可能有很多朋友，但他绝对不会发现哪位朋友，比一本小账本更加稳健与持续地关注他的状况，让他不断向前。**节约是所有人取得成功的第一个原则。**金钱让我们保持独立，让一个年轻人拥有地位，让他充满活力，激发他的潜能。事实上，节约的行为能够带给他最大的成功——快乐与满足感。如果每个男孩从小就被灌输要节约的观念，我们肯定会有更多具有男子气概的人。”

“对数学运算的了解，是那些想要量入为出的人所必须要掌握的。”斯迈尔斯说，“女人对数学方面特别不在意，她们对一些运算都不懂。因为很多女老师觉得这些知识是毫无用处的。她们更愿意去教语言、音乐、礼仪或是其他有用的东西。所有这些知识都非常重要，但数学算术的四种运算法则，是这些之中最为重要的。要是不懂加减法，他又怎能对比支出与收入的差距呢？他们又怎么知道在房租、衣服、食物或是各种服务上花了多少钱呢？除非他们懂得每个数目的价值，否则这些都无从谈起。要是不懂算术知识，他们又怎能去计算交易的数额或是给予的服务费呢？对算术知识的无知，就是造成这种结果的原因，这不仅浪费了我们的时间，更让我们身处苦难之中。很多原先充裕的家庭之所以陷入贫穷，就是因他们对数学的算术缺乏了解所致。”

华盛顿曾将家里的每项支出都列出来，做到最细致，甚至**在他当美国总统的时候，他都明白要是不节约的话，他是不可能变得富有的，要是做到了节约，谁也不可能穷。**

“我想强调一点，我都是用自己的钱。”威灵顿说。他是这样解释自己的支出的；他的著名对手也是这样做的。

“拿破仑做到的一个奇迹，”历史学家英格索尔说，“他在发动规模那么庞大的战争时，竟然没有欠下债务，或是向其他国家借过一分钱，从没有废除过一张票据或是延迟支付的。当他从国王的位置上被赶下来的时候，在他皇宫的地下室里还有很多钱——数百万现金——都是他们从原本用于公共支出中节省下来的。在他当皇帝的时候，法国人口是五千万，只比路易斯·菲利普统治时多出一点，但是拿破仑的皇家预算，却只比菲利普统治时多出一点点而已。在拿破仑统治时期，国民诚实的标准被提高了。虽然有人会说，当时英国联合其他国家对法国施压，他不得不要节省开支，但是他在管理国家的收入与开支方面，显得那么有节制，虽然当时没有什么政治经济科学的概念。**他一生从没有让法国欠债，这本身就是一项奇迹，堪比他战场上的辉煌。**”

几乎每一位战功卓越的将军，都是非常会“算账”的人。在对李将军驻扎在荒野的军队发动猛攻——即便要持续整个夏天，也在所不惜。很多北方的报纸都将格兰特称为“屠夫”，并且要求他撤退。格兰特从一开始就考虑到了军粮等问题，觉得自己这场作战能始终保持充足的粮草。最后，当他的军队穿过了詹姆斯河，士兵们发现对方有数千箱的物资在等待着他们，原来格兰特早就命令 B.F. 布特勒将军，将物资从希特点与百慕大转移过来了。所以，**就每个人来说，我们都要成为有**

“能量”的将军，要有领袖的智慧去恰当地调配资源与物资，这样才能在人生这场战役上取得胜仗。

英国的工人非常努力地工作，而且很少休假。虽然他们的薪水是同时期的法国人的两倍，但他们却很少将钱省下来。数百万英镑的金钱，刚进入他们的口袋，又从他们的手中溜走了。在法国，每位家庭主妇都学会了如何勤俭持家。“我感到非常惊讶，”一位到法国旅行的美国女士说，“我的朋友能把像我时常在家扔掉的那样的食材，做成非常好的菜式。——她们用冷肉片做成美味精致的食物，利用发硬的面包屑精心炮制，做成可口的点心。她们几乎将所能用到的一切都物尽其用，丝毫不让人感觉到他们生活的窘迫。”

“哪里没有节约，”约翰逊博士说，**“哪里就没有美德。”**

“把你所需要的东西分摊出来，让你的收入超过你所需要的东西。”布尔维尔说，“只要我一年能赚一百英镑，我就能不需要别人的帮助。我宁愿每天‘吃着面包’，也要保持自由。要是每年能赚五千英镑，我可能就挥霍放荡了。我可能会变成一位专制的主人，即便没钱，也要请仆人。我可能要被放逐，因为所有人都对我怀有敌意。因为人心也是肉做的，那些放高利贷的人，可能正在打量着天平秤，霍霍地磨着刀。**每个支出超过收入的人必然陷入贫穷，要是他能让收入大于支出的话，没人会陷入贫穷。**我可能做得很差，虽然我每年的收入有五千英镑。我还是深陷贫穷的邪恶之中——终日感到恐惧与耻辱。**要是我能恰当地管理金钱，即便我每年只有一百英镑的收入，我也能获得最大的财富——安稳与别人的尊敬。”**

9. 教育的现金价值

无知是节约的最大的敌人。接受过良好教育的人，通常能创造物质、心灵或是精神上的财富。

“任何接受过教育的人，”米诺特·J. 萨维奇说，“心智都会得到锻炼。随便你把他扔到这个世界的某个城市，他都有能力克服当前的环境，处理好人生的事情，让自己成为对社会有用的人。这就是教育的本意所在，这就是教育存在的目的。了解一些外国语言，对过去的历史知识有所了解，都是灌输到人的大脑的——这些不是教育，而是脑袋装着知识的傻瓜。”

宾夕法尼亚州的教育专员 N.C. 施尔法，为我们讲解了教育所具有的现金价值。

“一位男孩被杀害了，印第安纳州的陪审团，只是给这个受害者家庭五百九十九点九九美元的赔偿。我的一位朋友在西弗吉尼亚州做教育主管，他将这一赔偿称为是让人愤怒的。我问他原因。他说：‘先不说这位男孩的个性以及这位男孩的死亡，对他父母及他所在整个家庭所带来的伤害，就是这个男孩在学校里接受的教育具有的商业价值，都不只这个钱。’我问他是如何计算的，他说：‘你将这个男孩在学校毕业后的所得到的薪水，与一位没有接受过教育的人所得的薪水相减，就能得出这个数目。’然后，他给我计算了一下，这个方法我在很多学校做演说的时候也使用过。因为我非常想希望他的这个观点能够上报纸，让每个教室或是每块黑板都写上这样的话语，让学生将这些话语带回家，与他们的父母进行讨论。

“他说：‘如果一位没有接受过教育的人，每天能赚一点五美元，那么一年就是工作三百多天，假如他连续工作四十年的话，他就能赚一点五乘以三百乘以四十等于一万八千美元。一位接受过教育的人，一般不是按天来算工钱的，而是按月或是按年来算的。如果你按接受过教育的人一般的收来算，从美国总统的年薪五万美元，到保险公司的主席或是铁路公司的主席，一直往下看，直到那些接受过教育但收入不高的人，你会发现，一位接受过教育的人，一般的年薪都在一千美元左右。要是他工作四十年的话，他就能赚四万美元，要是用四万美元减去一万八千美元，就会得出两万二千美元的差价。这个差价就代表了这位男孩在学校接受的教育所具有的价值。’**你必须承认，那些靠体力劳动的人，赚的比脑力劳动的人少。**现在，如果说两万两千美元代表着一个男孩在学校接受的教育所具有的价值，那么他每天在学校里的价值是多少呢？按马萨诸塞州来算，一般的学校是七年制，每年要上两百天的学，然后再接受四年的高等教育，按照十一年，每年两百天来算，就是说，每个学生在学校的时间是两千二百天，只要在黑板上进行简单的乘除法，就会得出每个学生在学校的每一天价值十美元。

“我们的学校收到了什么文件了吗？一位教育主管说，如果某位父亲不让自己十一岁的儿子上学，而是让他继续耕田，只是为了每天节省一美元的话，那么他可能就犯法了。虽然这位父亲暂时将这一美元放进了自己的口袋，但他却剥夺了自己儿子未来每天能赚十美元的能力。难道这不是父亲对儿子的一种抢劫吗？

“最近的立法机构规定，每个学期最短的时间，从六个月延长到七个月。换言之，每年对于超过二十万学童来说，每年增加了二十天的学习时间。如果学生能好好地度过学生时光，那么立法机构的这项法令，将让我们未来的财富大大增长，增长的财富是这样计算的，按每位学生每天赚十美元，乘以二十，再乘以二十万学生，结果就得到每天增加的财富价值为四千万美元。”

10. 战争是种浪费，诉讼则太昂贵了

无论是个人之间的法律纠纷，或是国家间以战争形式出现的对抗，这都是对个人与国家财富最为巨大的损耗。有时，这些情况是不可避免的。但我们必须要知道这些事情都是非常恐怖的。

“你对战争持反对的态度，这点我非常认同。”富兰克林说，“从人类谨慎做事的角度来看，这是错误的。因为**无论一个国家能够通过战争手段，从别的国家获得什么好处，如果用现金去购买，这肯定要比发动战争更加节省成本！**在我看来，如果政治家都有一点数学头脑的话，或是精于计算的话，战争发生的机率就会少很多。”

“战役打完了，并不代表战争就结束了。”詹姆斯·A. 加菲尔德说，“因为战死的人必须要埋掉，战争的费用必须要偿还，包括一些保险费用。要是在五十年前，我们国家能将现在所欠的十分之一债务投入到教育，那么我们就会免于内战的流血与财富的损失。建造学校要比平定叛乱更加省钱。”

“从欧洲的最北端北角到地中海，”约翰·S.C. 艾伯特说，“要是能将耗在战争上的无尽财富用于建筑与修复的话，这里到处都有充满阳光的峡谷与美丽的山丘，那么整个欧洲就成了一个伊甸园了。”

11. 平衡的心态才能让你过上健康与富足的生活

生活中最大的浪费，就是失去平衡的心理，失衡的心理表现为愤怒、焦虑与说出亵渎的话语。要是我们事后反思的话，这些都是完全没有必要的。

“但在日常生活里，有哪些例子可以说明我们可以控制住愤怒与焦虑呢？”有人这样问贺拉斯·弗莱彻。

“有很多啊，”他回答说。“习惯了说些亵渎话语的人，是不敢在女士面前那么放肆的。脾气暴躁的人，是不敢在他们尊敬的人面前表现出愤怒的。易于激动的人，是不可能在那些让他们敬畏的人面前表现出这样的情感的。如果他们能在面临所有情况时都克制自己，那么所有的事情都处在控制范围内。比如，在我们谈论某个话题时，没什么能让我们感到愤怒，因为你羞于表现出受制于某种的情感的懦弱行为。”

“一次，当我再次回到爱尔兰，”罗兰·希尔说，“我发现船上的男性与船长的行为非常惹人厌恶，他们都喜欢不顾一切地说些不堪入耳的话。一开始是船长诅咒着男乘客，然后男乘客反唇相讥，然后他们就对着海风不停地叫骂。然后我大声地提醒他们，要公平竞争。

“‘不要吵了，不要吵了！’我说，‘先生们，如果可以的话，让我们公平竞争吧，现在轮到我了。’

“‘轮到你干什么？’船长问道。

“‘轮到我骂人了！’我说。

“嗯，他们一直在那里等我骂人，直到他们的耐心都被耗尽了，希望我能快点骂，再轮到他们。但是我告诉他们，我有权利选择什么时候去骂人，什么时候方便，我就什么时候骂人。

“船长对此大笑着回答说：‘也许，你根本不想去骂人。’

“‘船长，请原谅我。’我回答说，‘一旦我发现吵架有什么好处的时候，我肯定会骂的。’”

“我的朋友，我在旅途中没有听说过其他这么有趣的故事了。”**少说话一般都是让人愉悦的，也能让人获益。**

乐观与希望是两位真正的“经济学家”。它们的对手就是最挥霍无度的浪费了。前者让我们保存能量，让我们在人生中不断奋斗。后者则让我们失去力量，陷入毫无必要的疑惑与沮丧之中。我们很多的能量都丧失在恐惧之中。很多人都说了，要是这些能量不被浪费的话，肯定能让我们有所成就的。

“身体是上帝的老师，”N.D. 西里斯说，**“教会我们要勤奋，逼迫我们要养成节约的习惯，提升我们原本低俗的道德。这其中包含了所有的物质文明。”**

“记忆集合着我们所有的昨天。它的书写通常都是无形的，就像是书法家用柠檬汁写字一样，注意修改每个写错的字。将这些字放在火旁边，就能清晰地看出每个字的形态了。”

锻造我们品格的思想、情感与决心是多么的重要，正是这些才让我们的品格更加具有价值。任何记账人都无法在笔记本上记录下这些东西，但他们却在我们品格的“银行”里放高利贷，让我们失去一切。

“一年能写出三百六十五卷，”比彻说，“如果你的心灵每天能有明确的思路、动机与情感，当然这也与你的品格与永恒的目标有关，这些都会很自然地表现在你写的书上。若是那样的话，我们将会多么高产啊！但是，这些时间、这些成就似乎都在不经意间被我们放弃了。一个人要想如何连续地记录内在的心灵活动，这简直是不可能的。我们甚至无法跟上外部世界的节奏呢。”

西方人从东方文明那里学到了非常多珍贵的教训。我们从日本那里学到了如何避免愤怒与忧虑！日本这个国家的国民，几乎都拥有一种平衡的心态，据说甚至连婴儿在慌张的时候都不会哭。

“你首先必须要远离愤怒与忧虑，”一位研究哲学的日本朋友对一位崇拜东方文明的冷静与温和的脾性的人说，“日本人能做到，你们美国人也能做到。”

比彻说：“**一个人要是任着性子、不受别人监管、无法克制自身的冲动，缺乏一个明确的目标，就会让心灵被淹没，摧毁心灵的能力，这肯定是个坏事。**可能在某些时候，悲伤是难以控制的，人会透过向悲伤屈服的方式来获得解脱。很多悲伤的情感，不过是一天之中某个时刻泛起来的，最后让这些情感自然地淡去，不要再对此深究了。所有悲伤的情感，若非是我们无法排解的，都应该加以控制一下。”

12. 思想开明有助于我们成功

相比于光明磊落来说，贪婪要比节约更让人排斥。

——拉・罗什富科

靠着匆忙而节省下来的几分钟，与你在大手挥霍后节省几分钱一样毫无意义。

——C.B. 纽康布

做人要节约，不要贪婪，对物质的要求适可而止，自然会有属于你的荣耀，自然会有你的朋友。

——乔治・赫伯特

节约并不等同于吝啬，也不是说一味地累积金钱，而是更加明智地管理好金钱，做到账目分明。

“我们已经曲解了英文中‘节约’一词，添加了很多它本身所没有的含义。”罗斯金说，“在我们平常的使用中，‘节约’一词不仅不代表着一味地不花钱，更不是一味地花钱，这意味着我们更好地管理一座房子，更好地控制金钱的开支或是时间的分配，以达到最佳的效果。”

有时，旅行者花上数个小时，为了寻找一间可以节省一两美元的酒店，结果最后找到的地方，却让他们住得很不舒服。他们花费了数千美元到欧洲旅行了一趟，却不愿意花五美元买个纪念品，来增添此行的乐趣，日后给自己带来一些愉快的回忆。他们会买些廉价的照片或是其他的艺术品，几年后，这些东西都渐渐褪色或是变得毫无用处。他们会光顾最廉价的酒店，吃着那里并不可口的食物。事实上，**真正的节约，就是要保证自身处于最佳的状态**，从旅途中获取最大的乐趣与教益。

乔亚·比灵斯说：**“有些所谓的‘节约’是行不通的，其中一些情况就是在大钱上挥霍，而在小钱上却斤斤计较。”**

这些人会为了节省几分钱而跑遍整个城镇，希望能买到价廉的东西——他们为了节省车费，选择步行，他们为了节省几分钱，却浪费了价值数美元的时间。

其他人之所以买一些鞋子或是衣服，是因为这些东西的价格都比较低，虽然他们知道这些产品的质量，不足以让他们穿很久。他们的衣着品位始终都无法提升，最终，他们还是需要去购买那些耐穿的、适合自己的衣服。

最好的投资，一般都不是眼前立即能看到的一些优惠的东西。会花钱，意味着让钱给你最大的回报。单纯从商业的角度来看，除了内心对优质产品的向往之外，关键是要物有所值。那些具有魅力的销售员具有某种魔力，能让顾客纷纷光顾他。人们很少会计算他们是否会去找这位医生看病，或是选择支持另一位医生，或是在这间或是那间商店买东西，但他们总是能在不经意间吸引人们或是某些机构去光顾他们。大度的性情具有某些宏大与微妙的吸引力，激励着我们不断去努力，让我们拥有一种胜利者的个性。

“如果我失业了，口袋里只有一美元的话（如果我连一美元的都没有的话，我肯定要去赚到一美元），”一位从办公室职员上升到公司总经理的人说，“我会在一个小时内将这一美元花掉，我会用这一美元去刮胡子、洗个澡、擦亮皮鞋。如果还有剩钱的话，我会吃一顿最好的饭，即便我可能要为下顿饭而去搬运东西，但我绝对不会失去一个让我可以坐在更好位置上的机会。”这才是节约。花钱看一场精彩的戏剧或是听一场演说，这才是节约。**买一些具有价值的书籍，这样的花钱才是节约。节约能激发我们强烈的动力与高尚的动机。**正是平日的节约，让我们培养了对音乐与艺术的兴趣。为家里买一架钢琴，这是节约的表现，钢琴能够创造出平和与和谐的气氛，这是无价的。偶尔去外面旅行一个星期，走出自己平常所处的环境，看看这个世界发生了什么变化，这才是节约。

“我真的无法做到过分节约。”最近，一位女士这样说道。“我的一位好邻居相信一个道理，那就是每节省一分钱，就相当于赚到一分钱。她似乎对我平日的做法很不赞同，因为我没有自己做衣服穿，也没有自己做蛋糕吃。她凡事都是自己亲力亲为，尽量节省金钱，她让我感觉自己好浪费啊。去年，我尝试着学习她那样子。作为妻子与母亲，为了节省五十美元，我让家人都感到很不愉快。那位邻居除了自己动手做衣服或是做蛋糕的方法可以参考之外，其他的方面，我真的做不到。”

“这让我想起了最近报纸经常报道的烹饪食谱。我在昨天又读到了。其中一道菜谱是介绍如何更好地利用凉羊肉，但这需要炒鸡蛋、鲜汤、产自伍斯特郡的酱油，还有其他配料，要想做好这道菜，要花费很多时间与金钱。一般的家庭主妇要是按照菜谱上去做，肯定是省不了多少钱的。很多所谓的‘节约’方法，对穷人来说都实在是太耗钱了。”

只要到美国很多家庭的阁楼、衣柜、办公室、橱柜、箱子或是地下室里看看，就会发现一个非常奇怪的现象，那就是**我们养成了存储许多没有价值的东西的习惯**。对这些人来说，要是扔掉这些东西，实在是太可惜了，虽然他们还要耗费比这些东西贵两倍的时间去节约这些东西。**这并不是明智的“节约”，因为你无法得到回报**。我的意思绝对不是鼓励我们要挥霍或是去浪费什么，但如果我们从另一个角度去看看，就会发现，这些人都是在做同一件事，那就是节约一些“徒有其表”的东西，而且毫无目的性，这肯定不是最高级的节约方式。在适当的时候学会放手，也要学会抓住。记住，在这个时代，**只有真正会花钱，才能让钱的价值得到最大的发挥，那些习惯了挥霍或是吝啬的人，是不可能成就大事的**。一定要记住到底什么才是节约的真正含义。

养成只是因为一些产品价格比较便宜，就去买自己根本不需要的东西的习惯，会助长我们的挥霍。这样的花钱方法，与那位寡妇购买一块写着“汤姆森”的门牌，虽然她不知道哪位先生叫这个名字，但却希望它以后会有所价值的做法一样，都是不明智的。

也许，人们觉得节约与吝啬是一对双胞胎，并深以为然，但事实上，这两者根本毫无关系。**节约是指将没有很好理由需要花费的金钱积攒下来，以后待用；吝啬则是在需要花费的时候却不愿意出钱，在没有充足理由去节省金钱的情况下依然节省。**很多人被称为“好家伙”，那是因为他们肆无忌惮地花费着金钱，却不愿花钱去偿还债务。这样的人总是让自己身处“险境”，要是他生病了，或是失业了呢？那他肯定就成为别人的负担了。这样做没有半点好处，放弃眼前的奢侈或是放纵，也不是一件吝啬的事，这只是为了未来的独立与自尊着想而已。

在奢侈与吝啬之间，找个平衡点来生活吧。不要为了省钱，而让你的心灵处于饥饿的状态。**“节约的秘诀与本质，在于获得更高的价值。花钱要让自己有所进步”**——也就是说，让你的能力得到提升。要为丰富心灵而花钱，而不是为了欲望，要着重于文化方面的修养，而不是感官的愉悦。一些年轻人在购买日用品时非常吝啬，其实他们这样做是非常无知与目光狭隘的。**当花的钱不花，最后还是会走入贫穷。不要为了一味累积金钱而牺牲你的生活质量与家庭的舒适。**

“我记得曾有一位妻子非常想照相，”亨利·克鲁斯说，“照相的部分原因，可能是她内心完全正常的虚荣心吧；部分原因是她希望自己的子女，以后记得母亲年轻时的容颜吧——

因为她那时候非常年轻与美丽。但她那个吝啬的丈夫，却总是无法满足她的这个要求，最后日复一日的生活，最终让她容颜老去，她看上去也不再那么漂亮了。她为这件事而埋怨自己的丈夫，让她时常小题大做，最后导致两人的失和，撕裂了这个家庭。一切都是因为丈夫的‘节约’。

“这是一个多么可怕的悖论啊！”

“你觉得一位拥有丰富经验的工程师，会因为节省润滑油而让引擎出现故障吗？”

“我曾认识一位非常非常有钱的百万富翁，他从图书馆出来后出去外面吃晚餐，总要乘坐喷气式飞机转悠一圈，找一间便宜一点的馆子。但他不愿意弯腰捡一枚硬币，因为他说弯腰这个动作让他感到晕眩，他不会因为金钱而让自己的身体出现任何毛病。我也认识一位富人，他曾以幽默的方式埋怨油价那么贵。他的家装饰豪华，对于油价，他总是这样的回答：‘与眼睛的视力相比，油价算什么？’此人是一位接受过全面科学训练的经济学家，也是过去非常出名的人物。这两人都深谙‘节约’一词传统意义上的内涵。

“一些人对于‘节约’这个概念，有着最为荒谬的论点。一个人曾在我的面前这样定义节约，称之为‘挥霍与奢侈之间有趣的媒介’。还有比这更加荒谬的吗？节约，或是真正意义上节省的含义，与此完全不同。两者在逻辑方面根本完全不搭调，根本无法进行联系。

“正如我之前所说的，**真正的节约意味着最大化地利用金**

钱，在做坏事的时候，是没有节约可言的。很多人为了满足私欲而挥霍金钱，不愿意花钱去购买有用的书。事实上，这无关他们花费多少，也与他们是否贫穷无关。关键要是他们心灵都贫瘠了，那就是真正的贫穷了。

“宁愿多花一点钱坐个好位置，因为坐在更好的位置上，你就不会被旁边那些人打扰，也不会影响你愉悦的心情，这才是真正的节约。在去观看有新人参演的戏剧时，最好先阅读一下关于报纸上对该剧的评论。这样可以省下很多钱的。一出戏剧当然有它好的理由，但可能是你所不感兴趣的。买一份报纸只花你一两分钱，而一张票价则花费你一点五美元。决定去不去观看，给你节省的金钱是非常明显的。我们可以花费很少的钱，就能享受一出戏剧带来的好处，而且不会让我们浪费价值数千美元的时间与金钱。另一方面，去看一些没有营养的戏剧，这是最大的浪费，你不仅失去了金钱，更失去了时间，更别说这对你耐心与精力的消耗了。我听到一些人谈到节约带来的满足感，或是控制一些不正常的欲望，如果这不算太忧郁的话，那么这还是很有趣的。如果我们能这样做的话，我的意思是，如果一个人最多能花两美元喝一杯威士忌，相对来说，花同样的钱喝二十杯酒就显得更加节约了。这么简单的道理不需要什么解释。

“还有一样东西是我们必须要记住的，就是**金钱代表着我们可以支配的人力**。如果一个人有一百万美元，就相当于他能够在一天的时间里，让一百万人为他工作，在一些国家里，这个数目可能更大。一个人节省的每一美元，就代表着他能让别人为他工作一天，或是让他可以享受休息一天的特权。你雇用一个人帮你修理花园，你不需要让他工作太久，只需要他能完成你安排的任务就可以了，这样你就没必要让他为你工作一整天，也可以省点钱，然后你可以去花掉你节省下来的这点钱。那么，你就是消耗掉了这笔钱所代表的人力。**没有人能完全依靠自己的。要是没人帮助，谁也无法在人生这场战役里独善其身。现在，金钱是人唯一可以控制的，因为它代表着劳动力。你口袋里的钱，就代表着你可以将你的愿望变成现实。**

“我们一定要对生活中很多的商品进行估价，这样可以避免我们被别人欺骗。我是不会为价值只有二十五美分的东西，支付五十美分的。

“一心只想着省钱，无视在省钱过程中的花费，这就是不科学与不现实的节省方法。给一位有能力的人开很低的薪水，这不是真正的节约。**很多人都是小钱节省，大钱浪费，**就像希望拧紧水龙头，只让水滴滴地流出来，没想过塞子还残留着更多的水一样。一些习惯挥霍的年轻人，宁愿付钱给剧院经理，让他们在幕间给予几句赞美之词。”

“在写信的时候，一定要节约笔、墨与纸张，用词特别要注重简约。如果你能在商业工作中，用文字清楚地表达自己的观点，能用一个段落的话语去表达意思，你将赢得那些领导的赏识与厚爱。他们会感激你的付出。

“在我们的生活旅途中，当一个人进入某个领域，最后到达顶峰时，他就会想着进入全新的领域挑战自己。这些人都是具有智慧、生活节约的人，关键的是，他们专注于自身的目标。”

有人说，**节约具有一种神奇的力量，能够让面包不断变多，能变废为宝，能以小累多，将分散的东西变成一个整体，让我们可以白手起家，创造奇迹。**节约并不代表单纯的节省金钱，这不是吝啬。节约代表着一种远见与事物的安排，代表着一种洞察力与组合能力，让懒惰的东西动起来，让之前看似无用的东西为我们所用，让即将衰退的东西回复活力，让所有东西都为我们人类的舒适服务。

“让人惊讶的是，人们生活所需要的必需品是多么少。”安德鲁·卡耐基在《青年之友》上这样说，“买一间小房子或是积攒几千美元——或是几百美元——这都会对你产生影响。这些都没有那些人想象中那么难，其实，那些习惯了节约的人是很容易做到的。

“要获取巨大的财富，那又是另外一件事了，也不是我们目前所能想的。成为百万富翁，不是我们节约的目的，每个人的责任也不是都成为百万富翁。把成为百万富翁当成我们的目标，这绝对不是对自身美德的尊敬。不过，**我们有义务去积攒足够的钱，为那些依赖我们生活的人，提供一个舒适的环境。**囤积数百万美元的做法，那叫贪婪，不是节约。

“当然，在我们当前的工作状况下，的确有很少，或者说极少数人，获取的财富远远超过他们所需要的。这些人身家数百万，但他们依然继续累积着金钱，因为他们想囤积更多的金钱。我已经说过了，这种情况根本不是节约，也无法让我们具有竞争力。通常来说，这些人之所以能够有数百万的财富，是因为他们的上进心、良好的判断力，以及他们超乎常人的组织能力。他们的财富不是一般意义上的节约能获得的。那些到了老年还想着囤积财富的人，通常都是在年轻的时候，就已经养成了这个习惯。一开始，他们赚到了一些钱，就开始节省了，到了后来，是金钱控制了他们，他们已经无法控制自己了，因为这种习惯的力量是那么强大，让他们可能行善，也可能作恶。

“囤积金钱这种行为，是对人类节约本能的一种滥用，而不是其应有的作用。正是因为过分囤积金钱，造就了这些人成为金钱的奴隶。谁也不要害怕成为这种习惯的受害者，假如他心中记住，要将多余的财富视为一份神圣的信任，最后必将造福同胞。

“如果一个人狠下决心，忠诚地坚持原则，不去囤积金钱，而是用每年剩余的金钱去做一些善事，那么这种赚钱的习惯，依然可以视为一种美德。**人必须要成为金钱的主人，而不是成为其奴隶。他应该永远让金钱成为自己有用的仆人，绝对不能让金钱控制你，让你过着悲惨的生活。**

“彭斯曾说过一个真理，他说，节约之所以如此宝贵，是因为它会让人变得独立。因为他自己终生就是一个穷人，要想独立自主，不靠别人，就是他人生奋斗的目标。但是，拥有大笔财富肯定让人更加开心，因为这让我们可以服务别人。

“假如他有些能力，并且拥有良好的常识，那么他自然会做一个诚实、节俭的人。”菲利普·D. 阿穆尔说，**“年轻人没有理由不去赚钱与获得成功**啊！”在别人问他成功的秘诀是什么时，他回答说：“我想**节约与精打细算是我成功的主要秘密。**这些都得益于我母亲的教育，以及苏格兰祖先的优良传统，我们一直都崇尚节约与精打细算的。”

“节约对我们在这世界上获得幸福与快乐是极为重要的。在我看来，无法养成节约这种习惯是难以理解的。”罗素·萨奇在《星期六晚报》上写道，**“节约是一件非常简单容易的事情，这对我们的人生意义重大，**这是商业成功的基础，这是家庭常乐的源泉，也是我们在社会上地位有所保障的基础。节约的习惯带动着我们要勤奋。我从未听说一个节约的人是懒惰的。**节约会让我们获得独立与自信，让那些养成这个习惯的人，成为真正的男人。**

“我觉得，**在年轻人所接受的教育中，最大的一个错误，就是没有教会他们养成节约的习惯。**我们应该从小就教会他们懂得节约的价值。就我所知，一些学校已经建立了‘美分基金’。要是学校能好好利用这些‘基金’的话，就会更好地教会孩子们在算术方面的知识。我觉得，教会孩子这方面的知识，有助于他们日后取得成功。毕竟，这也是每位母亲对他们孩子的期望，也是我们这个国家对公民的一种期待。

“现在的事实却是，我们一般的学生，在学校里所学到有关节约的价值，都是在枯燥的书本或是文章里。这些内容缺乏生气，根本无法激发起学生的兴趣。对于学生或是年轻人来说，懂得如何在这个世界上取得成功，要比知道走哪条路可以到开普敦，或是一些高级的科学原理更为重要。

“这是一个非常现实的世界，那些走得最远的人，都不会因为金钱的问题而受限。**那种认为有钱就一定能带来快乐，或是认为积累财富就是成功的关键的观点，都是荒谬的。**一般来说，那些收入中等的人，要比那些极为富有的人更为快乐，因为前者知道应该在哪个领域里做好自己的本分，就像许多富人积累财富那样。但那些**手头总是拮据的人，在任何情况下都不可能感到快乐**，无论这个世界对他们说了些什么蠢话。**要是一个人身背债务，那么他在这个世界上，是不可能有一个安全的容身之地的。**让人绝望的贫穷，对家庭产生极大的破坏性，但这种破坏也是极容易避免的。那些在踏上社会时，就秉持着正确观念的人，是绝对不会陷入这般绝境的，无论他的收入多么有限，或是他多么的缺少机会。

“让他为自己立下一条规定，就是**花的钱一定要少于自己赚的钱，这样的话他才是安全的。**如果一个人不按照自己的原则去生活，无论他一开始取得多么炫目的成功，他很快就会感到悲伤，更不可能感到真正的快乐。他**一定要养成节约的习惯，才能取得成功。**那些年过三十依然跟二十岁差不多的人，肯定会觉得自己很悲惨。其实，这是一个非常简单的过程。对那些善于观察的人来说，这不是一个借口。让那个男孩或是男人节约点吧，积攒一些钱吧，到最后他就有能力去避免日常生活出现的焦虑。当然，人生总会出现一些意外，但即便如此，要是一个年轻人从一开始就养成了节约的习惯，这也是可以抵御的。在见到很多人因为不懂节约而造成的痛苦时，我经常会想，对一个心智正常的人来说，怎么会发生这样的事情呢？给自己立下一个规定，**至少要将薪水的百分之二十五积攒起来。**如果可以的话，也可以积攒薪水的百分之七十五，但绝对不要少于百分之二十五。”

“那些真正想要获得独立的人，”P.T. 巴尔南说，“只要专注于这个目标，然后运用恰当的方式，正如他们在其他事情上取得成功一样，其实这是非常容易做到的。虽然很多人都认为单纯的赚钱并不难，但要想保持节约的习惯，无疑是最难的。提升自身竞争力的途径，就是花的要比自己赚的少，就是这么简单的一个问题。但你可能会说：‘我知道这个啊，这就是节约嘛。我知道节约就能创造积累财富啊。我知道自己不能吃了蛋糕，还想着拥有鸡蛋的。’但我想说的话，就是因为这个错误的认知，导致大部分人的失败。事实上，很多人觉得自己知道什么是节约，但他们其实并不懂。

“真正意义上的节约被误解了。很多人终其一生都没有正确地了解节约的原则是什么。有人说：‘我的收入不错，我的邻居的收入跟我也差不多，但他总是显得比我有钱，而我就穷一点。为什么会这样呢？因为我知道节约。’他认为自己懂得节约之道，但其实他不懂。**很多人认为节约就是囤积起一些无用之物或是零碎的东西，想着如何在洗衣费里减少两分钱，或**

是做一些卑鄙自私的事情。真正的节约绝不是如此。这个人的不幸之处，就是他的节约之道只专注于一个方向。他们认为自己在原本该花两分钱的时候节省半分钱就是节约，但他们在其他方面却是非常挥霍。

“比如说，在煤油灯还没有出现之前，旅人在晚上可能到偏僻山村的农家投宿一晚，通常主人都会热情招待的。在晚饭后，旅人发现一根蜡烛的光不足以让他看书。女主人看出了他的为难，就对他说：‘这里晚上要想读书是比较困难的。谚语说：要想拿一根蜡烛两头点，你至少在海上要有一艘船。我们只有在特殊情况才会点两根蜡烛的。’也许，这个特殊情况一年会出现一两次。这样可以让这位‘精打细算’的主妇一年省下五美元、六美元或是十美元吧。但要是多点一根蜡烛，他们就能在晚上看书，吸取知识，这其中的价值要比一吨的蜡烛都更大。

“但问题并没有到此结束。这位女主人知道自己在蜡烛方面这么节约，她每年却要到镇上花上二三十美元来购买丝带与衣服，其中很多都是没必要的。这种错误的节约观念，在很多经商的人中时常可见。关于类似的报道常见报端。你会发现一位优秀的商人，会将所有的旧信封或是其他零碎的东西放好，假如旧的还可以用，就绝不用新的。他这样做当然没错，一年可能节省下五美元到十美元。他觉得自己如此节约，就可以浪费一点时间，去搞一场昂贵的聚会，或是乘坐豪华马车去旅行。我从没听过一位践行这样节约观的人能有所成就的。

“真正的节约源于支出总比收入少。假如有必要的话，旧衣服也宁愿穿久一点，省下买新手套的钱，修补一下以前的服装，过着粗茶淡饭的日子。这样在一般情况下，除非出现什么意外，都要留下你一部分的收入积攒起来。今天积攒一分钱，以后就有一美元了，让利息不断地滚动，最后一定能达到你想实现的目标。也许，要想**真正做到节约是需要一些锻炼的。一旦我们养成了这种习惯，我们就会从合理的消费中得到更大的满足，远离非理性的消费。**

“我建议一下这个方法，因为我发现这个方法，对于纠正挥霍的行为或是错误的节约观特别有用。方法是这样的：在年终的时候，如果你发现自己没有剩下钱，但你的收入其实也还好，那我建议你在一本书上选出几张纸，在上面画几个表格，把自己的每项支出都列出。你可以按天、按周来算，表格分为两栏，其中一栏的名目写着‘必需品支出’或是‘用于舒适生活的’；另一栏则写着‘奢侈品支出’。最后，你会发现后者的支出是前者的两三倍，甚至会出现十倍以上的差距。其实，**生活中真正的舒适所花费的钱并不多，是绝大多数人都能赚到的。**正是因为我们害怕别人的目光，才让很多原先可以过得很好的家庭，陷入了贫穷之中。”

真正懂得如何使用金钱的人是非常少的。有人赚钱，有人则肆意挥霍；有人囤积金钱，有人纯粹浪费掉了。要学会真正明智地使用金钱，有利于我们最后取得成功，这是一门需要认真掌握的知识。

13. 自然是慷慨的，不是肆意挥霍的

“自然是最会精打细算的，”艾默生说，“它将今天被浪费的东西，转化为明天创造的源泉。它丰厚的资源绝对不是徒有其表，但我们要想获取，必须付出一定的代价与工作。它让我们置身于物质丰饶的世界，让每个人都有属于自己的份额。”去年夏天的花朵与植物在秋天凋谢，滋养着今年的大地，拥有了另一种美感。自然甚至不会让朋友来看我们，除非我们死在家里。一旦身体没有了呼吸，它就开始对我们进行分解，其他部分又为其他物质的发展提供原料。

慷慨，而非挥霍，才是自然之手。据说，甚至连上帝都不能挥霍。他在创造更多的面包或是鱼类的同时，也不断地收集各种零碎的东西，不能有任何遗漏。

将我们现在生活中的很多东西变废为宝，这是下一代人的光荣使命，这个使命无疑会让他们的人生更加充盈。

那些依靠自身美德前进的人，
几乎不会陷入绝望的贫穷。

——德莱顿

节俭可以说是“节制”的女儿，是“适度”的姐妹，是“自由”的父母。那些习惯挥霍的人，很快就会陷入贫穷，贫穷必然要依赖别人，最后招来衰败。

——萨缪尔·约翰逊

我曾认识一位妒忌心非常强、目光狭隘的人，他经常说：“小钱随便花，因为大钱自然会来的。”

——切斯特菲尔德

偿还债务有两种方式：努力地增加收入；或是加大节约的力度。

——卡莱尔

不仅通往知识的道路没有坦途，通往财富的道路也没有坦途。这需要你努力工作，放弃很多娱乐。要是每个人愿意为此付出代价，都是可以得到的。

——J.G. 贺兰

养成节约的习惯，人生就已经成功了一半。

——C.H.斯普根

迅速累积的财富很快就会消失；一点点累积的财富则会慢慢增加。

——歌德

要想赢得财富女神的灿烂的微笑，
就要勤勉地等待着她。
尽一切努力去前进，
为自己的声誉正名。
不要躲在树篱里，
不是成为按部就班的列车员，
而是为了自力更生，
这一光荣的特权。

——罗伯特·彭斯

在你尚有能力之时，为年老与匮乏做好准备吧，
因为太阳不是照一整天的。

——富兰克林

第二章

成功宝典

他想要成功，却不愿为此付出代价。

他只想从工作中挑出“花朵”，却不愿忍受其中的“刺”。

他将自己的失败归咎为环境或是其他人。

他总是盼望自己能做其他事情，而不是想着如何做好眼前的事情。

1. 接受教育有回报吗？

让人生充满荣耀，而不是负累地工作，这难道不划算吗？

将原先狭隘的生活之门敞开，这难道不好吗？

通过显微镜或是放大镜来扩大自己的视野，这难道不好吗？

不断拓展自己的人生视野，获取更为宽广与清晰的人生景象，这难道不划算吗？

难道橡子历经千辛万苦成为橡树，是没有回报的吗？

难道破茧为蝶的虫蛹没有回报吗？

难道体会到释放自身能量的那种兴奋感，是没有意义的吗？

难道花蕾绽放，向这个世界展现自己的美丽，这有错吗？

努力学习，知道如何摆脱生活的负累，这难道不值得我们去学习吗？

难道让自己免于成为一个不学无术的人，是不值得的吗？

难道感受一下生活的乐趣是一种奢侈吗？

难道学会如何专注自身的能量，积极地调动心理能量，是没有意义的吗？

难道努力让自己收获到用金钱都买不到的人生的高尚目标与具有品位的乐趣，是不值得你追求的吗？

难道让自己拥有任何灾难或是不幸都不能摧残的品格财

富、心灵财产，是不美好的吗？

与那些积极向上、充满理想的年轻人成为一生的朋友，他们中很多人日后可能成为伟人，这些人不值得你去交往吗？

掌握历史与科学教给你的知识，过上更加健康与成功的生活，这难道不值得你学习吗？

成为一位具有开明思想的公民，有能力洞察复杂的政治局势，在公共事务中理智地投票，这难道不好吗？

努力锤炼粗糙的铁块，让它变成手表上的指针，让它的价值要比同等重量的金块贵五十倍，这不值得你去锤炼吗？

体验自我发现的乐趣，挖掘尚待开发的潜能，这难道不值得你去做吗？

雕塑家从沉睡的大理石中雕出塑像来，让世代的人们能够传诵英雄主义，这难道不值得雕塑家为之奋斗吗？

让不断拓展的激情搅动着心灵，感觉到成长的激励，意识到自己的不断进步所带来的持久满足感，这难道不值得你去追寻吗？

聆听专家的建议与指教，在人生最重要的岁月里保持高远的理想，这难道不值得你去追求吗？

在大学四年的光阴里，在一个雄心壮志与高远理想未曾被失望所黯淡的时光里，在无限的信念还未被世俗的墙壁所阻挡时，与富有文化的人进行愉悦的交往，这难道不值得我们好好珍惜吗？

2. 没有机会是借口吗？

在这片土地上，没有人为种姓等级制度所压制，没有机会是借口吗？

在这个国家里，一个出生于农场茅茨之屋的贫穷小伙子，最终成为白宫的主人，没有机会是借口吗？

这个国家拥有成千上万座图书馆，数十万所学校，基督教青年学会提供免费的夜校学习，免费的教学讲演，免费的教育课程，没有机会是借口吗？

在这片出身贫民窟的孩子能成为国会议员，最贫穷的孩子能成为商业巨子、著名的银行家与金融家的土地上，没有机会是借口吗？

在这里，很多著名的企业，都是由那些凭借个人能力与正直的品格的人创建的，他们似乎也根本没什么机会可言。没有机会是借口吗？

在这片土地上，刹车手与护路工都能成为铁路公司的主席，没有机会是借口吗？

在这片土地上，无数个例子已经证明了，只要你给予一位具有上进心的孩子学习的机会，任何困难都不可能阻挡他前进，没有机会是借口吗？

历史上很多拥有过多机会的人，最终却是一事无成，难道机会存在与否是借口吗？

没有机会啊！这是弱者一贯的借口。

3. 让工作远离负累的方法

尊重工作。

从工作中取乐。

不要以自己的工作为耻。

全身心投入到工作中去。

从工作中看到诗意。

在工作中专注于某个目标。

尽最大的努力去工作。

彻底了解工作的细节。

一次只做一件事。

不要将自己局限于工作本身。

为工作做好充分的准备。

将工作视为建立品格的途径。

怀着愉悦的心情去工作，即便有时自己感觉不大适应。

以一种艺术家的心态去做，而不要以工匠的心态敷衍了事。

让工作成为你追求更高目标的垫脚石。

每次都要比之前做得更好。

不断完善自己的目标，只对完美感到满意。

不要只是用自己的弱点去工作。

保持工作的最佳状态，将工作做到最佳。

相信工作的价值与尊严，无论这是一份多么卑微的工作。

认识到**工作是让人生具有尊严与变得高尚的行为。**

接受工作中让你不愉悦的部分，正如你开心地接受那个让你喜欢的部分。

如果可以的话，**选择最适合你本性的工作。**

看看自己能够如何投入到工作中去，而不要总想着能从工作中获取什么。

记住，只有通过自身的工作，你才能最为充分地挖掘自身的潜能。

锻炼的自己双眼、双耳、双手以及心灵——包括所有的功能——忠诚地做好每件事。

记住，**做好一项工作，就是对自身品格的最高考验。**

将工作视为一种不断锻炼自身品格的优点与克服弱点的途径。

记住，每份工作中，都有一些不足以为外人称道的优点与弱点。

4. 他们在哪里失去了运气?

在懒散消磨时光的日子里。

在犹豫不决的时间里。

在人生的跑道上。

在自己错误的判断力上。

在忧虑与不安里。

在将困难无限扩大的时候。

在选择错误的商业地点时。

在相信不该相信的人时。

在想迅速致富的时候。

在让他们的梦想冷却的时候。

在过分乐观的时候。

“在身处钓鱼竿的底端”的时候。

在廉价与毫无意义的炫耀上。

在往错误的方向前进时。

在想着如何取乐时。

在不清楚自己的工作时。

在等待着某些事情的出现时。

在不时酗酒与抽烟的时候。

在想着如何走成功的捷径时。

在自己心情好的时候才想工作时。

在没有一个工作计划与规划时。

在忽视个人的形象上。

在选择一位愚蠢与铺张浪费的女生为妻子时。

在第一次成功后，成为过分自信者时。

在机会到来的时候，没有准备好时。

在收到投资计划时，只是抽样来看时。

在他们拒绝更好的工作时，因为他们不知道是否会喜欢之后的工作。

在他们总是幻想着美好的事情，而不是先把手头的工作做好时。

在他们让人反感的自私的个性上，无法交到真正的朋友。

在于他们暴躁地发脾气，将员工与顾客赶走时。

在等待某人出现，给他们以帮助；或是盼望着某个富有的亲戚，死后给自己留下一大笔遗产时。

5. 快乐从哪里找寻？

从细微的礼节中。
从很小的友善举动中。
从让人愉悦的话语中。
从以微笑面对生活中。
从让别人感到快乐中。
从写给别人友好的信件中。
从良好的祝愿中。
从与别人的社交中。
从与书为伴中。
从乐于助人中。
从健康的娱乐活动中。
从培养心智中找寻。
从一颗清明的良心中。
从我们热爱自己的工作中。
从实现具有价值的梦想中。
从怀着愉悦心情履行职责中。
从无私的服务中。
从不顾回报、做到最好中。
从彼此的互相信任中。

6. 为什么他总是原地踏步？

他总是盯着时钟，想着下班。

他总是在抱怨。

他总是迟到。

他没有任何血性。

他想做，但却没有做好充分准备。

他不相信自己。

他总是有太多不懂的问题。

他受不良书籍的影响。

他一贯的借口是“我忘了”。

他没有为下一步做好准备。

他没有全身心投入到工作中去。

他没有从错误中汲取教训。

他以自己的工作为耻。

他与那些不及自己的人交友。

他安于成为一个二流人物。

他的半途而废摧毁自身的力量。

他从未敢按照自己的判断行事。

他不认为学习做事有什么价值。

他想要以“虚张声势”去代替认真工作。

他更多想到的是娱乐，而不是如何在这个世界上出人头地。

他认为，使用粗鲁与亵渎的语言是聪明的表现。

他不知道，薪水最重要的意义，并不在于在他的薪水袋里。

7. 这些人永远没有机会，因为他们是——

因为他们是懒惰者。

因为他们是依赖者。

因为他们是懦弱者。

因为他们是摇摆者。

因为他们是无知者。

因为他们是虚弱者。

因为他们是一知半解者。

因为他们是冷漠者。

因为他们是缺乏准备者。

因为他们是华而不实的理论者。

因为他们总是盯着下班的时钟。

因为他们做事马虎与不细心。

因为他们是缺乏骨气的年轻人。

因为他们是害怕遭遇挫折的年轻人。

因为他们缺乏男子气概的血性。

因为他们在学校与工作中装作认真实际浪费了太多时间。

因为他们认为提升自己的心智毫无意义。

因为他们总是在追赶着别人。

因为他们总是想着吃老本，认为为未来的事情做准备毫无必要。

8. 为什么他没有成功呢？

他没有高远的目标。

他缺乏冒险的精神。

他过分冲动。

他从未认真做过一件事。

他以为自己的公司会自然良好地运作。

他害怕破釜沉舟。

他认识不到形象的重要性。

他粗鲁的行为，将顾客赶到了竞争对手那里。

他喜欢抽烟，喜欢闲扯，不喜欢自己的工作。

他无法全身心专注于自己的工作。

他不知道如何为别人树立榜样。

他让那些粗鲁与冷漠的员工赶走了生意。

他缺乏果断有效的决定能力。

他相信那些身处重要位置上的无能朋友或是亲戚。

他不愿意精益求精。

他不断重复已做的事情，因为他缺乏系统的方法。

他觉得自己了解了全部的工作内容。

他试图通过砍掉广告投入来节省开支。

他是一位诚实与善良的人，但却不能以商业的方式去处理工作的事情。

他对所有的事情都了解泛泛，但无一精通。

他想要成功，却不愿为此付出代价。

他只想从工作中挑出“花朵”，却不愿忍受其中的“刺”。

他将自己的失败归咎为环境或是其他人。

他总是盼望自己能做其他事情，而不是想着如何做好眼前的事情。

9. 如果你想受人欢迎，那么就——

助人为乐。

善于社交。

做一个好的倾听者。

研究赞美人的艺术。

为人坦诚、开放与忠诚。

为人慷慨大度。

时刻想着给别人帮助。

友善有礼地对待每个人。

自信而不自负。

不要总是一个人抢占谈话的风头。

真诚地关心别人。

时刻看到事情光明的一面。

努力记住别人的名字与样貌。

不要批判别人，也不要说些不友善的话。

找寻别人身上的优点，而不是找他们的缺点。

宽恕与忘记别人带给你的伤害，但不要忘记别人的恩惠。

保持健康的身体，散发出力量与勇气的能量。

为别人的成功欢呼，就像你自己成功了一样。

要时刻考虑到别人的权利与感受。

要玩得开心，但不要让娱乐变成放纵。

对别人说些友善的话语，以灿烂与鼓舞的笑容去迎接每个人。

学会在最考验人的环境下控制自己。

在任何时候与任何场合，都要尊重女性，保持骑士般的风度。

像个男人那样去迎接困难，乐观地忍受你所无法挽救的东西。

相信兄弟间的情谊，不要区分彼此的阶级。

不要过分沉湎于自己的想法，要聆听一下别人所持的不同观点。

不要开一些可能会伤害别人情感的玩笑。

要有雄心壮志与活力，但不要以牺牲他人的代价让自己获利。

对待下属要有礼友善，就像你对待自己的同事或是上级那样。

10. 为什么他们贫穷呢?

他们的理想比他们的钱包更大。

他们没有计算自己的开支。

他们容易成为那些精明商家与推销者的受害者。

他们反过来看待这句格言——“先工作，后娱乐”。

他们有太多花费不菲的娱乐活动。

他们认为节省几毛钱没有多大意义。

他们为了迅速致富而铤而走险。

他们任由狐朋狗友利用自己的善良与慷慨。

他们努力去做别人期望他们所的事情，而不是去做自己有能力去做的事情。

他们今天不去做自己有能力去做的事情，一定要拖延到明天。

他们认为签名合同或是将协议用纸张的形式确定下来，没有什么意义。

他们宁愿负债累累，也不愿去做他们认为低下的工作。

他们从未想过将自己的房子抵押出去，最终有天会让他们无家可归。

他们向朋友立下借据或是借用保证金，只是为了让自己过得更舒适一些。

他们冒着将所有鸡蛋都放在一个篮子里的风险，可自己却未能处在一个能够监管与控制的位置。

他们在困难到来的时候，才想到要为困难做好充分的准备。

他作为企业的老板是个好人，但他却从未在商言商。

他们的女儿养成的唯一习惯，就是喜欢名贵的衣服与宝贵的珠宝。

他们从未意识到，一个耗费昂贵的习惯，会让整个家庭都染上奢侈之风。

他们家一年收入才六百美金，却想着与收入达到两千美金的邻居攀比。

他们购买所有东西——比如风琴、避雷针、书籍、小古董——所有这些都是他们通过分期付款来购买的。

他们未能在自身完全了解的工作中做到最好，但却觉得自己可以从投资一个对自己而言完全陌生的领域中获利，特别是那些与自身工作越远越好的投资。

11. 今天的良机都在哪里呢?

在那些专注于一个坚定目标的年轻人身上。

在那些不辞劳苦、认真了解工作的员工身上。

在那些**以力量与创造力去做事情，而不是单纯抱着梦想而不去实现**的人身上。

在那些面对工作中的“刺”时，能以像遇到优雅的“玫瑰”那样去面对。

在那些**不仅有远大志向、而且还愿意为实现这个志向而作出牺牲**的人们身上。

在那些不以自己薪水去衡量个人工作质量与数量的人身上。

在那些面对荆棘遍地时，仍能以前路就是一马平川的态度，去克服自我怀疑、取得成功的人身上。

在那些**成功克服恐惧，并且笃信自我的信心永不动摇**的人身上。

在那些将困难减到最低程度的人身上。

在那些**无论面对多少挫折，都不会失去对梦想追求**的人身上。

在那些**扬长避短**的人身上。

在那些为了一个高尚与无私的目标而工作的人身上。

在那些**对自己期望较高**的人身上，在那些**不辞劳苦去实现自己梦想**的人身上。

在那些**坚定信念、勤奋工作**的人身上，在那些**相信奋斗而不是单凭运气**的人身上。

在那些将自己**迅速、准确、有礼与大度完成自己所做的每一件事，视为自身的一次机会**的人身上。

在那些**永不沮丧**的人们身上，在那些总是**面朝阳光**的人身上，在那些**为了成功而不断努力、思考与生活**的人身上。

在那些无论遇到什么困难，都将自身的毅力、决心与意志力，投入到勇敢奋斗中去的人身上。

在每一个能够不分你我，也不再犹豫不决，亦不在乎环境所限的人身上，在你自己身上，这才是一切成功的源泉所在。

12. 为什么销售员没有成功呢？

他显得很不安。

他缺乏足够的应变能力。

他说话不经过大脑。

他读不懂人性。

他没有计划地工作。

他不知道如何接触别人。

他不能友好地面对别人的批评。

他不能全身心地投入到工作中去。

他缺乏足够的自信与信念。

他将自己的竞争对手踩下去，让人们对他反感。

他总是以一种“我将试试看”的心态，而不是“我能够做到”的心态做事。

他的精力过于分散，没有专注于一个目标。

他不觉得自己出差的时候能够得到订单。

他没有足够的辩论知识储备，不足以应对顾客的反对声。

他耗费了巨大的时间，去克服自己给别人留下的不好的第一印象。

他说话总是拐弯抹角，在他说到重点前，人们已经感到厌烦了。

他总是想着可以单凭信件或是其他方式，来代替亲自的拜访。

他总是觉得要是可以到其他城镇出差的话，一定可以取得更好的业绩。

他为人缺乏真诚，总是因为自己冷漠的举止而激怒身边的人。

他总是想着“自己可以做别的事情”。他想着要是自己不能将产品卖出去，他还可以卖其他东西。

他展现给别人一种低三下四的形象，而不是一个具有信誉可靠公司代表的形象。

他不喜欢自己的工作，他的心总是想着别的东西，在他得到一份更好的工作之前，他就是混着日子过。

他给顾客推销一些廉价与过时的产品后，又向下一位顾客夸耀这些产品有多么的好。

他并不完全相信自己所销售的产品，当然，他也无法说服别人相信。

他为人太过功利。要是他不能一开始从几个顾客那里得到订单，就会失去耐心，并就此放弃。

他不会从顾客的角度去考虑他们的利益问题。

他对自己工作的尊严没有什么期待，他觉得人们会认为自己只是一个小贩而已。

他总是过分推销，对自己的产品夸大其词，让顾客不相信他所说的话。

要是他觉得自己能够得到订单，他会显得很有礼貌，要是

被拒绝的话，他马上就会变得抓狂，说出一些肮脏的话语。

他会鬼鬼祟祟地溜进顾客的办公室，带着满脸抱歉的表情，给人一种自我贬低与“请把我赶出去”的气息，马上让人感到厌恶与鄙视。

他缺乏足够强的适应能力与圆滑的技巧，他总是习惯于同一种交流方式，不会根据别人的智商、接受的教育背景或是所处的地位，采取不同的说话方式。

他会调动起顾客的热情，但就是无法达成最终的交易，或是他在已说服顾客购买的情况下，依然继续推销，最终让顾客对他反感。

13. 如果你拥有良好的教养，那么——

你会待人友善。

你不会使用低俗的俚语。

你会尝试让别人感到快乐。

你绝不会说别人的闲言碎语。

你不会在旁人面前大肆吹牛，也不会吹嘘自己的成就。

你不会因为自己的年龄而忽视对别人的尊重。

你会处处留意自己的举止，不会伤害到别人的权利。

无论在任何情况下，你都不会伤害别人的感情，而会想着如何帮助他们。

你不会以人们的银行存款，去衡量是否要对人们礼貌有礼。

你不会忘记各种约会、承诺或是所要肩负的责任。

你在谈话时不会大声议论或是左右矛盾。

你不会取笑别人的脾性或是某些特质。

你不会因为不时谈论自己与自己的事情而让别人感到厌烦。

你不会提醒一位残疾人他的身体残损，也不会窥探敏感者的痛处。

你不会因为别人比你得到更多的关注，而感到自己被人忽视或是冷落。

你不会有两套举止标准，一套用于“公司”；一套用于自己的家庭。

你不会认为只要自己的出发点是好的，就可以为自身粗鲁或是莽撞的行为正名了。

作为一位客人，你不会当着主人的面说饭菜不好吃。

你不会以自己大声的话语或是笑声，去吸引别人的注意，或是通过高谈阔论来展现自我。

你会让自己优雅的举止与卓越的智商，展现出你的视野，而不是透过不时谈论自己到过哪些国家之类的话。

14. 计划的作用

这会让你清除心灵的尘埃与大脑灰尘。

这会有助于你的工作，减少你无谓的浪费。

这会增强你的工作效率，延长生命，让你的人生更有意义。

这会让你的员工更加尊重你，你会更加受他们欢迎。

这会让你做更多的工作，获得更好的工作质量，这在之前缺乏计划的情况下是难以想象的。

这会让一位能力平平之人，取得比那些更有能力但缺乏计划的人更大的成就。

这会增强你的办事效率，因为这会增强你的自信与自尊。

这会简化很多复杂的细节，让你更加自由地从事具有创造力的工作。

这会节省你的劳动成本，所以你不需要一再重复相同的事情。

这会增强你的自尊、自我信念，因此这也会让别人尊重与信任你。

这会更好地利用过往的经验，让你免于重蹈覆辙。

这会让你成为一个更加平衡的人，心理更加健康，对人生抱着更为积极的态度。

这会让你迅速找到你想要的东西，而不是浪费宝贵的时间，到处寻找这些东西。

这会让你养成一种做事有始有终的习惯，而不是像以往那样半途而废，或是马虎敷衍地对待。

这会让你得到更多的休闲时间。一个具有良好组织能力的人，有时间去见他的朋友，去进行娱乐活动，有时间去旅行，因为他的系统都已经帮他将事情安排的井井有条。

这会让你成为一个性情更加愉悦的人，因为心里的困惑会让人的大脑感到疲乏，让人变得紧张，容易让人趋于悲观。

这会消除你的忧虑，会让你免于因为觉得自己未能处理一些繁琐的细节，而有力不从心的感觉。

一个良好的计划，会缩短你实现目标的路程，让心灵免于难以计数的烦忧，让你远离繁琐的细节或是负累，而这是那些缺乏计划的人所必须要面对的。

15. 这是一种耻辱

做事懒散、冷漠或是懈怠。

三心二意、马虎地做事。

粗鲁、野蛮与让人反感的举止。

隐藏自己的一种才能，因为你只有这一种。

当你可以过上更为圆满的生活时，却选择过一种半满的生活。

不注意自己或是所处的环境的卫生。

认识到自己的缺点，却不愿意去改正。

在你爬到了自己想到的位置后，就将原来的梯子踢倒。

对良好的社会习俗或是用语无知得可怜。

无法与人就当代的一些话题，进行富于智慧的讨论。

逃避政治上的责任，或是对公共事务显得冷漠。

无视正在促进我们国家文化发展的重要力量。

盲目地投票，不分对错，而不是按照自己的原则，因为你一直以来都是这样。

在这个时代，对于免费的学校、廉价的报纸、期刊或是流动的图书馆一概不知。

对实用的科学知识一窍不通，对日常生活中我们所见、所处理或是享受的东西的原理缺乏概念。

对于当代世界的形势，缺乏一个总体的认识，对国与国之间的关系也缺乏了解。

不了解健康的法则，不知道如何健康与合理地生活。

被自己的欲望与激情所控制，让自己在小区的影响力与地位遭受到损害。

对于自然的历史完全不懂，不知道自然的美感，与奇迹背后所蕴藏的科学知识。

对我们所居住的这个国家，缺乏明智的想法，不知道这个国家的历史，不知道它的产业，也不知道人们的生活状况。

生活中到处都有学校、图书馆、博物馆、课堂讲座、画廊，或是知识提升的俱乐部，却不去好好地利用。

不知道有助于人类改良的运动，也没有在时间或是金钱方面，给予自己帮助。

16. 失败者的墓志铭

他缺乏圆滑的技巧。

恐惧扼杀了他。

他缺乏储备能量。

他缺乏动力。

他不能果敢决定。

他为人过分敏感。

他不敢拒绝别人。

他差点成功了，但放弃了。

他找不到自己的位置。

他顽固地坚守自己的偏见。

一点小小的成功，让他忘乎所以。

他被自私所扼杀。

他无法消化所学到的知识。

他自视甚高，不愿意接受别人的建议。

他没有防备自己的缺点。

他做任何事情都只看到眼前。

他缺乏点燃能量的火焰。

他不热爱自己的工作。

他陷入陈规，却无法走出来。

他是一位讨厌使用码尺的职员。

他从没有学会放弃那些垃圾的东西。

他被烦琐的细节所淹没。

他没有学会做事有始有终。

他喜欢安逸，不喜欢努力奋斗。

他从不接受别人的建议，导致失败。

他无法将知识转化成为力量。

他因为没有自信而摧毁了自己的判断。

他缺乏与人交往的能力。

他知道很多事情，却无法说出来。

他不理会对方的感受。

他在接受教训或是面对挫折时，未能勇敢地面对。

他在成为律师、医生、商人或是政治家前，并不是一个真正的男人。

17. 为什么他总是小打小闹?

他不知道如何宣传自己。

他不知道如何跟上时代的发展。

他想做好所有事情。

他想以廉价聘请别人帮助他。

他的话不靠谱。

他将规则视为毫无用处的繁文缛节。

他的过分小气阻碍着自己前进。

他没有在别人面前充分展现自己的能力。

他认为做一些小事情意义不大。

他因为沉湎于小事，而埋没自己去做大事的能耐。

他从未想过，只有自由的策略，才能在商界里站稳脚跟。

他的第一次成功，让他过分自信，变得忘乎所以。

他产品的款式总是那么少，而风格却总是过时。

“商业的伎俩”让他的信誉扫地，让他从此与公平交易的名声无缘。

他没有及时还款，失去了自己的信用。

他认为在竞争对手花钱去投放广告时，自己可以节省这笔钱。

他不重视买家对产品的良好品位，反而认为自己节省下来的钱是非常划算的。

他的经营让企业不断走下坡路，对他来说，时势总是“艰难”的，资金总是“紧缺”的，业绩总是“平平”的。

他为人悲观，他的所有员工都受他感染，让整个公司的企业气氛显得那么压抑。

他让那些缺乏执行力与领导能力的人，身处重要的位置。

他有计划的能力，但缺乏执行力。他对人性缺乏足够的洞察力，不知道如何让自己身边挤满有能力的人。

他认为将自己的企业与那些更为成功的企业相比，或是学习他们的经营方法，没有多大意义。

他不注重顾客的需求，而是进自己认为最好的货，他觉得这样就能得到最大的利润。

18. 为什么他对生活感到失望呢？

他过分严肃对待生活。

他没有时间去娱乐。

他的社交功能因为长时间疏于使用而萎缩。

他节约金钱，却让心灵不断枯萎。

他觉得要是没有金钱的话，自己是不可能过得幸福的。

他在工作的时候，没有发展自己的为人与气概。

他是习惯与陈规的受害者，未能听从内心的呼唤。

他从未养成在日常生活中汲取快乐的艺术。

他未能以高尚的情操去生活，而是低俗地过活。

他在年轻时牺牲了友情，又没有时间去结交新的朋友。

他养成了一种强大的索取能力，却从未学会如何给予。

他总是往回看，或是一味往前看，错过了当下的美好。

他对自己所拥有的东西毫无感恩之心，因为他没有那些让他羡慕的人所拥有的东西。

他从未学会如何去享受当下的生活，而是发现不断延迟享受快乐只是一种幻觉。

19. 他们是如何失去自己的房子的?

因为他们的赌博恶习。

他们花光了保险金。

他们购买自己不需要的东西，只是因为这些东西很廉价。

他们总是以分期付款去购买所有东西。

他们在如何花钱上没有良好的判断力。

他们的钱都花在喝酒与抽烟上，而不是储存起来。

丈夫总是想着给妻子买保险，但直到死去时，都没有做到。

他们不知道如何拒绝别人，不敢说“我买不起”这样的话。

为人子女的，不会做一些自认为与身份不符的工作，却想着穿着名贵的衣服。

他们从银行将存款取出来，投入到一些想要迅速致富的项目上，结果石沉大海。

他们从没养成将钱存在银行的习惯，或是为自己购买现在还不需要的人生保险。

他们的座右铭是：“今朝有酒今朝醉，明日愁来明日愁”。

他们觉得将协议或是共识写在纸上是毫无必要的。

他们不知道赋予律师或是经纪人过多的权利，会让他们的财产任人宰割。

他们尽可能地延迟还款，因为他们觉得明天肯定要比今天更容易做到。

孩子从小没有养成节俭的习惯，不知道如何节省一分一毫，最终让家庭遭殃。

他们在签署重要文件时，没有认真阅读文件内容，只是因为别人要求他们这样做。

想要维持超过自身经济能力范围的形象的欲望，让他们抵押财产，最终导致破产。

当他们的金钱逐渐减少，他们“真的不知道该从哪方面开始节约”，因为以往奢侈的习惯，已经让他们觉得所有这些都是必需的。

他们害怕那些与自己打交道的人觉得他们可疑，如果他们要一张借据。

他们到商店买东西总是分期付款，而不是支付现金，他们没有意识到，这会多么容易累积账单，不知道到时候该如何重新站起来。

他们花费大量金钱用于娱乐，甚至超过了自己的收入，因为他们想让人们觉得，自己处于良好的经济状况。

很多做父亲的人，觉得偶尔参加一些“宴会”，是一家之长的特权。过一段时间后，他就会过分滥用这种特权。

他们努力让女儿进入社交圈，与那些地位比他们高的人交往，希望能认识到名流子弟。但这样的做法，最终却让他们陷入绝望的债务之中。

因为是分期付款，所以他们大把大把地花钱，因为还款的日子似乎还很遥远，他们觉得自己不会有失去房子的危险。

20. 为什么他的婚姻会失败呢？

他觉得小孩很讨厌。

他在婚前极尽求爱之能事。

他从不与妻子商量自己的事情。

他从没时间与妻子一起外出。

他不舍得给妻子钱花，让她就像一个乞丐。

他将妻子视作低自己一等。

他不愿花时间与家人在一起增进感情。

他只有在妻子能给他带来什么的时候，才会想到她。

他从未想到婚姻都是有两面的。

他从未想到妻子也是需要丈夫的表扬与赞美的。

他在家里是一套行为，而在公司或是社交场合又是另一套。

他娶到了一位完美的妻子，但婚后却失望地发现，妻子原来也是有缺点的。

他觉得妻子就应该将全部时间投入到家务中。

他对待妻子的方式，是他绝不敢用来对待其他女性的。

21. 如果你想要非常非常受人“欢迎”，那么——[1]

不要做任何你不想做的事情。

认为别人总是站在错误的位置上。

时刻谈论着自己与自己的事情，这样做会让所有人都对你感兴趣的。

没有比自私更让你受到别人的青睐了，每个人都喜欢自私。

时刻留意别人对自己的轻视或是侮辱。记住，大多数人在社会地位上都比你高，他们正想着如何阻挡你的发展。

要记得给别人的计划泼一盆冷水，打击他们所怀揣的梦想。不会有人对此怀恨在心的。

无论到哪里，先把最好的位置给占了。在你坐好后，向别人让座时，自己却根本没有要抬起屁股的意思。

一旦自己的情感受到伤害，就要马上表现出来，或是在别人比你受到更多的关注，或是衣着比你更好看时，马上表现出自己的嫉妒心理。

如果事情不顺心，就用力地拍门，尽量表现出自己不满的

---

① 此篇为反语。——编者注

情绪。即便是摔坏一两件东西也是没关系的。这有助于你缓解大脑血液的压力。

要想受到仆人们的“欢迎”，就要抓住每个机会去发泄自己的愤怒。对他们无论是在家里或是其他地方所做的每件事挑毛病。那些人只是你的仆人，他们已经习惯了这样的对待。他们绝对不是那些脸皮薄的人。

要永远保持八卦的心态，无论这是否会让一个无辜的人，变得失去理智或是最终自杀。你不能因为别人的敏感性情，就剥夺了自己这点小小的娱乐行为。继续将八卦消息搞起来。

不要尝试去控制自己的情绪，让情绪放任自流吧。如果你陷入到发怒、唠叨、责骂的状态，或是你感到“忧郁”的时候，别人都是不会介意的。在一间公司里，雇佣那些满脸阴郁、沉默或是情绪化的员工，是非常有趣的，这对每个人都会有种提升的作用。

让别人愉悦你，要比你去愉悦别人更加有趣。因为，他们的事情很难让人觉得有趣。他们对周围的人都那么熟悉，厌烦了自己所在的公司。他们宁愿谈论你的事情与你所做的事情。

你可以随意抵触别人或是伤害他们的情感，他们不会介意的。

不要理会文明社会的所谓的准则，那些只不过是一群愚蠢、懒散的人，一时想出来的准则而已。

在别人说话的时候，你可以随意打断。那个被打断的人，会更加愿意倾听你的观点。

不要吝啬于展现自己的冷漠，因为当别人谈论他们或是他们的事情时，你会感到无比厌烦。

当别人对你表示关注，你要认为这是理所当然的。这只是你的权利而已，谁也不会期望你给予回报。

当你必须要拒绝别人的好处时，一定要粗鲁与蛮横地表达出来，不要理会别人的情感。

要记住时刻大声说话，没必要降低自己说话的声音，没必要压制自己在公共场合想要大声说话的欲望。这才是良好教养的表现。

不要因为一时的犯错，就压制自己在任何场合发布观点的想法。这是真诚的做法，无论其他人是如何称之为野蛮的。

当有人取得了伟大或是具有意义的成就，或是拥有某种特殊天赋时，跟这样的人说，你认识的某人能以更加明智的方式，取得类似的成就。

要是别人的观点与你相悖，你可以随意地嗤笑别人的理想或是宗教信仰。人们不会对自己所持的宗教信仰或是坚定的目标敏感的。

在家的时候，没必要麻烦自己穿得那么正式。没有人会看见的。你穿多么老旧的衣服都没人知道。如果有人来拜访你，你可以叫他们等一下，直到你草草地换上其他衣服。

别忘了告诉你的朋友或是你认识的人，说他们在挑选帽子或是其他衣服时的品位是多么差。别忘了随时对他们的衣着发表不同的意见。

要牢牢记住，对你来说，赞美是一件非常美妙的事情，而对别人来说则是非常糟糕的。这会催生别人的虚荣心，那些被赞美的人就是“心里美滋滋的”，变得“好高骛远”，让他们日后的人生走上歧途。

不要觉得你的妻子需要生活的调剂或是娱乐，她可以一直待在家里，照顾小孩与家庭的事务，而你可以到处外出，过着风流快活的日子。她的亲戚与朋友都会因为你这样做而更加喜欢你——你的妻子也会的。

22. 你如果觉得亏欠母亲的，那么就——

对母亲所感兴趣或是喜欢的东西，你都要表现出自己的兴趣。

首先要为母亲的舒适与愉悦着想。

不要忘记虽然母亲年老了，脸上布满皱纹，但她也还是爱很多东西的。

要时常回家探望母亲，保证母亲身体健康，生活愉快。

要记住，母亲的心中始终就像一个小女孩，需要你的关爱。

要给她完全的自信，不要做任何母亲会反对的事情。

与她一道分享你的事情，虽然你们在年龄上存在差异，但依然能够融洽相处、友善对待。

要将母亲那早已下垂的肩膀上所肩负的重担挑过来，记住，母亲这一切都是为了你。

不要做出任何举动，显示你的世界与她的世界存在差异，或是让她感觉你要比她更高一等。

要始终如一恭顺地对待母亲，就如你对待你的上级那样。

要研究母亲的口味与习惯，研究她的喜好，尽可能以顺其自然的方式满足母亲的需求。

要耐心地容忍母亲性格上的癖性或是脾气方面的缺点，这可能是因为她长年累月对你的照顾，以及辛勤劳作所养成的。

要将你要做的事情与母亲商量，听从她的建议，即便你心意已决。

要在任何场合下，抓住每个机会，去回报母亲多年来为自己的幸福与健康所作出的牺牲。

顺从母亲的建议，尊重母亲，即便在接受过大学教育的你看来，母亲的观点可能早已过时了。

要尽可能地让母亲保持年轻的面容，也要让她保持精神上的愉悦，要舍得花心思给母亲挑选衣服，或是购买一些小饰物，以及关注母亲的个人卫生状况。

绝对不要因为母亲的宗教信仰与你的相悖，或是在你看来，她的视野随着年龄的增长而变得狭窄，就取笑她，这会让她深感痛苦与震惊。

向母亲介绍你的年轻朋友，让她的怜悯心身处在充满活力、希望与计划中，这样她就能将年轻的心带到老年了。

与她谈论你的工作、你的学习、你的娱乐活动、你所读的书、你到过的地方，因为任何让你关注的事情，都是她所关心的。

如果她再也不能像以前那样操持家务工作，不要让她感觉自己好像被淘汰了，或是失去了家中顶梁柱的地位。绝不要让母亲开口向你要钱，你要主动给。

记住，与你的生活相比，母亲的生活要更加单调。你可以带她到一些适合娱乐的场所，可以到郊区游玩一下，如果你的家在乡村的话，带她到城市转转，有时间尽可能地这样做。

一个想要努力报答母亲恩情的女儿，就是我们所要努力找寻的女人，也必将在人生取得辉煌的成功。

23. 让人失望的丈夫

他愿意为妻子奉献自己的生命，但每当他从地窖里抱一堆煤炭上来的时候，总要大发牢骚。

他想从家里得到所有的舒适，却不愿忍受任何负担。

他将家视为一个吃饭与睡觉的地方。

他没有时间做孩子的好父亲，也没时间陪伴妻子。

他对孩子在学校的事情从不感兴趣，也不愿意花时间去教育或是逗孩子开心。

他在工作场合或是俱乐部，耗尽了所有的礼貌与愉悦，回到家里后就像一头发疯的熊。

每次与妻子外出的时候，总是走在妻子前面。

他每次回家的时候，都不会带回一盒糖果。

他每天早晨出去上班或是晚上回来的时候，都不会亲吻自己的妻子。

他锱铢必较地给妻子零用钱，让她解释每分钱花在了哪里。

他几乎不带妻子到戏院，一旦他带妻子去的时候，在幕间休息时，也不跟她说一句话。

24. 这个世界所找寻的

一个不能收买的人。

一个一言九鼎的人。

一个将品格看得比金钱更重要的人。

一个拥有主见与意志力的人。

一个超越工作本身的人。

一个敢于冒险的人。

一个能从平凡中看到神性的人。

一个“宁愿做对事情，也不愿做一个犯错的总统”的人。

一个不会随波逐流的人。

一个在小事与大事上都一样诚实的人。

一个不会向错误妥协的人。

一个梦想并不局限于自私的欲望上的人。

一个愿意为了公共利益而牺牲自己的人。

一个在本性中不是懦弱的人。

一个童叟无欺的人。

一个不会说自己做一件事，只是“因为其他人都这样做”的人。

一个不会让他的右手不知道左手在做什么的慈善家。

一个不会为了商业目的做一套，而在私人生活又做另一套的人。

一个不会想着如何让别人为自己服务、慷慨大度的人。

一个能够从世俗的掌声中保持清醒，不为金钱或是名利所动摇的牧师。

一个不会被恐吓或是收买的政治家，他不会结党营私，到处操纵，或是因为个人利益而影响政策的施行。

一个不会将在美国磨坊制造的产品，贴上“英国进口”的商标；也不会将纽约制造的商品，贴上“爱尔兰麻布”标签的商人。

一个明知道打不赢官司的律师，他不会单纯为了从客户身上榨取金钱，而说服他进行诉讼。

一个不知道疾病症状的医生，他不会假装自己知道，或是冒充自己在临床试验或是对病人使用的药物方面很有把握。

一个不会利用别人的不幸，甚至用摧毁别人名声的方式来“加强报纸的发行”；或是写一些下流的丑闻，只是因为他们的主编要求他们这样做的人。

一个无论朋友遇到好事或是坏事、顺境或是逆境，都会忠诚相待的人。

一个不会从每个建议中，只看到“我到底有什么好处”的人。

能够挺直胸膛、保持独立的年轻男女，而其他人则向地位与权力低头弯腰。

一个不认为精明、欺骗或是算计，就是取得成功应有的素

质的人。

一个有勇气在沉默与隐忍环境下，去履行自己职责的人，而他身边的人，则因漠视神圣的职责而收获财富与名声。

一个不羞于或害怕为真理挺身而出的人，即便不受欢迎，都能勇敢地说出“不”，虽然全世界的人都在说“是”。

一个有勇气穿着布衣，过着简单朴素生活的人，而他的竞争对手却通过邪恶的手段，去享受奢华的生活。

一个能完全控制自己的人，在度过最困难的时期，仍能不说些抱怨的话，不会发脾气或是怒发冲冠。

25. 不要这样——

不要八卦。

不要慌张。

不要抱怨。

不要去浪费时间。

不要说命运与你为敌。

不要与天气为敌。

不要觉得未来凶险。

不要沉着脸。

不要挑剔，不要埋怨，不要忧虑。

不要对无意冒犯的人动怒。

不要抱怨你所做的工作。

不要只想做大事，不管小事。

不要责备别人，不要因为小事而动怒。

不要吹嘘自己能做什么，而不去把事情做好。

不要觉得生活是一种负累，不要觉得人生没意思。

不要贬低自己，不要轻视自己的能力。

不要对朋友或是熟人出言不善。

不要夸张，不要小题大做。

不要埋怨过去，不要只想着那些不愉快的经历，而是要埋掉这些经历。

不要可怜自己，不要感叹自己没有机会。

不要以己之短与别人比较。

不要等待着机会出现，而是要努力找寻。

不要觉得所有的良机都离你远去了。

不要在远方找寻机会，而是要在你所在的位置找寻。

不要漠然地盯着未来，一味地想象，而不是好好把握当下。

不要羡慕别人所拥有的东西，而是要努力工作，赢得属于自己的东西。

不要幻想自己在另外一个地方，或是其他环境就会更加快乐。

不要猜想自己在别人的位置，就能做出伟大的事情，而是先把眼前的工作做好。

26. 不要坐等机会，而要创造机会

像海伦·凯勒那样，虽然失明失聪，仍然创造机会。

像拿破仑与格兰特那样，在数百个“不可能”的绝境下奋起。

像每个事业有成的人那样努力奋斗。

像很多贫穷的移民那样，凭借自己双手，去创造一番新天地。

如果环境所迫的话，像道格拉斯那样的奴隶孩子，从纸片或是广告板上学习知识。

像亨利·威尔逊那样，在夜校那里学习数千卷的书籍，将其他人浪费掉的时间用于学习。

像林肯那样，在面对良机的时候有勇气去把握，凭借着不可战胜的能量，与持久的坚韧以及要成为大人物的决心。

如果你不能做到更好，就像乔治·史蒂文森那样，用一支粉笔在煤炭车那样肮脏的地方学习数学公式。

从一开始就要下定决心，一定要发挥自身最大的能量，成为你所能成为的最优秀、最强大与最有用的人。

27. 成功为什么变成失败？就因为——

在你可以做大事的时候，却只做小事。

在你一生的事业里，你不能让自己成为一个更为优秀、美好与宏大的人。

在你活着的时候只是为了吃喝，玩得开心与赚钱。

你没有让自己的品格更加高尚，而只想着口袋里的钱。

你最具活力的脑细胞都被贪欲所消灭。

你让良心变成被告者，将生活中的阳光通通赶走。

所有的怜悯心都被你过分的自私摧毁。

在你达成目标时，却把所有的梦想与别人的希望都粉碎掉了。

你一再以自己没有时间为理由去培养友情、礼貌或是良好的教养。

你在前进的道路上丢失了自尊、勇气、自我控制，或是其他所谓的男人的质量。

你无法俯瞰自己的工作，无法让自己成为与律师、商人、医生或是科学家一样伟大的人。

在你的谈吐中明显出现心灵贫瘠的状况。

你过着双面的生活，做事有着双重标准。

你摧毁自己的身体——成为“神经衰弱”与情绪的受害者。

在你身上无法透出任何文化、教育、阅历或是帮助别人的机会。

你不断渴盼着更多的金钱、更多的土地、更大的房子或是更具价值的债券，让这些欲念成为你人生的主宰。

你不断让心灵与身体趋于萎缩，失去了年轻人的自发性与应有的热情。

你逐渐变得铁石心肠，只想着从别人那里索取，不理会别人的痛苦，使自己成为贫穷与不幸的人耻笑的对象。

你侵犯或是干预了别人的权利，让你看不清别人也同样拥有与你一样的权利。

在你所拥有的金钱中，没有一分是通过诚实劳动取得的，只有不断的欺骗。在你累积财富的时候，只能让更多的家庭妻离子散或是更多的人成为孤儿，或是摧毁别人的机会。

你的孩子不再将你视为仅次于他们母亲的最好朋友。

在你全身心投入工作时，几乎让家人变成陌路人。

你秉持着想索取一切，却又不想有所回报的原则。

你对金钱的贪婪，让你妻子的生活显得凄惨不已，让她失去了必要的休息与娱乐，或是任何形式的休闲活动。

你时常紧张的工作，让你神经衰弱，精神得不到放松，已经让你成为家庭的破坏分子，让那些与你一道工作的同事对你反感。

你所树立的“榜样”不断将别人拉倒，在于你的不公与专制让许多人走向绝望，摧毁他们对上帝与人性的信念。

你以暴怒来迎接孩子的友善，不愿意与他们作伴，不愿意在他们成长阶段，给予他们友善的鼓励与指引。

你剥削那些为你工作的员工的合法权益，然后还装成慈善家那样，给他们一点你非法所得的零头，或是假装捐给一些慈善机构。

28. 品格堕落的表现

你对平庸的自己感到满意。

平庸的生活泛不起你内心的波澜。

你开始觉得，自己的父亲是一个过时的守旧者。

你在听到下流的故事时，内心没有半点愤慨。

你安于马马虎虎地做事，并未期望自己日后能做得更好。

你不再像以往那样，将母亲视为自己的知己，与她在一起时显得不安。

你心里对一天敷衍的工作不再感到愧疚；马虎完成的工作，也不再像以往那样让你内心挣扎。

你在毫无制度、混乱的环境下，竟能心安理得地工作，不再像过去那样会及时改正。

你的梦想之火开始慢慢冷却，不再像以往那样，以严格的标准去要求自己了。

你开始与一些之前绝对不会带到你家里来，或是一些羞于让你家人知道的人交往。

29. 不要嫁给这样的男人

性情悲观的男人。

铺张浪费的男人。

性情怪异或是缺乏平衡的男人。

性情浮躁的男人。

自私、卑鄙与吝啬的男人。

不愿意主动工作的男人。

不重视承诺的男人。

喜欢抽烟的男人。

唯一的目标就是赚钱的男人。

心智脆弱、软弱或是柔弱的男人。

在家是霸王、在外是软虫的男人。

认为女人的存在只是为了让自己舒服的男人。

认为不喝酒、不赌博就是懦夫表现的男人。

对你的理想与希望缺乏共鸣的男人。

总是为不能准时赴约找借口的男人。

认为只有在婚前才需要讨好女人的男人。

鄙视别人的宗教信仰、女人的美德或是任何神圣事物的男人。

认为女人的精力就该全部投入到家庭的男人。

对男女分别采取两个不同标准的男人。

因为觉得与你太熟悉而不尊重你的男人。

除了工作之外，对任何事情都显得冷漠、缺乏同情心的男人。

一旦稍稍被惹恼，就会大发雷霆、说些亵渎话语的男人。

总是想到自己，并期望其他人能够等自己的男人。

将所欠的赌债视为一种光荣的债务，而觉得偿还裁缝师的服装费则让人反感的男人。

喜欢炫耀自己多么能喝与放纵，但却显现不出来任何堕落痕迹的男人。

认为自己就该拥有造物者所赐予的所有特权，并试图逃避自己的责任的男人。

因为遇到了一个更让他感兴趣的女人，就忘记原先婚约的男人。

对于自己养家糊口的能力，缺乏清醒与现实认识的男人。

延迟给房东交租，却花大把的钱用来购买昂贵香烟的男人。

认为有一间舒适的房子，很多食物可以吃与很多衣服可以穿，就能满足一个女人的男人。

言行举止粗俗与鲁莽，品位低下的男人。

认为哪个女人要是嫁给自己，就是上辈子修来的福分的男人。

为人总是鬼鬼祟祟，掩藏自己的行踪，生怕展现真实自我的男人。

向自己男性朋友展现自己多么受女性欢迎，并认为没有女人能抵挡自己魅力的男人。

粗暴地对待自己的姐妹，认为没必要对待他们像对待其他女性那样好的男人。

总是谈论着当“那些老家伙”死后自己能做什么，谈论自己就能得到财产的男人。

让女人乘坐有轨电车，挽着扶手，而自己却坐在位置上，悠闲地看着报纸的男人。

认为香烟、酒精与其他让人消沉的东西都是必需品，但却认为给妻子一点零用钱，就是奢侈做法的男人。

总是一副盛气凌人的样子，为人武断专横，压制弱者与任何手下，却在权贵面前点头哈腰的男人。

自己无所事事，却让辛勤的母亲或是姐妹照料他，或是去从事一份自认为不配自己身份的工作的男人。

让妻子向他乞求每一分钱，并要妻子告诉他这些钱作何用途的男人。

30. 不要娶这样的女人

喜欢唠叨的女人。

懒惰的女人。

水性杨花的女人。

不能控制脾气的女人。

不喜欢小孩与动物的女人。

不注重衣着整洁与卫生的女人。

喜欢欺骗与不真诚对待朋友的女人。

喜欢小题大做，喜欢怒气冲冲地说话，喜欢凡事忧愁的女人。

对求婚者彬彬有礼，对家人却恶语相向的女人。

不懂得节约，对金钱的价值缺乏概念的女人。

只想听到别人对自己的赞美，讨厌听到对别人的赞美的女人。

言语举止显得粗鲁、盛气凌人的女人。

从未想过自己的母亲需要到外面走走，娱乐一下或是调剂一下生活的女人。

在客人面前扇仆人耳光或是大声批评、羞辱他们的女人。

在公共场合凭借自己花哨的服装、大声的说话与笑声来吸引别人注意的女人。

缺乏慎重思考，并声称即便别人说自己闲话，自己都不在乎的女人。

家庭的其他成员都需要看她的脸色，以避免让她突然脾气暴躁或是大吵大闹的女人。

不惜借债都要定制衣服、购买女帽或是鲜花，给人一种错误的印象的女人。

希望家人努力让自己感到愉悦，而不是努力让家人感到快乐的女人。

认为自己的家非常普通，但却不愿意努力使之变得更加舒适与好看，让客人尽可能坐久一点的女人。

认为阅读报纸或是自我提升是毫无意义的，但却花钱购买那些毫无价值的小说来看的女人。

总是迟迟不到餐桌吃早餐，穿着老式的皮套或是夹克，头发卷曲，**抱怨或是责备所有人、所有事的女人。**

把一切好的东西都据为己有，让自己显得非常好看，而母亲却只能穿着带补丁的衣服，或是陈旧的外套或长袍与软帽的女人。

要是出身贫穷，只想与那些有权有势的人交往，羞于带上自己的母亲，或是邀请朋友到自己家里，或是告诉他们自己住在哪里的女人。

不愿工作，只是觉得这样会降低自己在朋友眼中的地位，认为帮忙家计不是自己该做的，或是羞于让朋友知道，自己必须要靠工作才能生活的女人。

认为母亲一人能承担所有的事情，不尊重母亲，总是忽视母亲的存在，让母亲像奴隶那样工作，穿得像个乞丐，毕恭毕敬地伺候着自己，而自己却无所事事，穿着名贵的服装，或是安逸地躺在床上读着小说的女人。

时常为自己“老套”的父母感到羞愧，总是为他们说不好的英文道歉，为他们不懂礼仪或是陈旧的思想而责备他们，并告诉他们已经是老古董了，并声称现在已经和他们当年所处的年代不一样了，人们的思想更加自由，女孩应该更加自主的女人。

31. 他事业成功了，但做人却失败了，因为——

他停止了成长。

他仅限于自己的工作。

他从未学会如何面对阳光。

他只顾着捞钱，却让心灵遭受饥饿。

他对于不能兑现成金钱的事物毫无情感。

他从未学会如何去除工作的负累。

他不知道该如何高尚地生活，而只是生活在底层。

他将自己的工作仅视为谋生的方式，而不是享受生活的途径。

他因为冷漠而失去了早年建立的友情，没有时间去培养全新的友情。

他从未学会如何享受一些小的事情，不知道如何从平凡中看到闪光点。

他让生活成为负累，感受不到生活的乐趣与收获。

他的本性没有得到半点发展，只是如何赚钱的能力得到了拓展。

社交让他感到厌烦，小孩让他感到厌烦，音乐与戏剧对他好像是另外一个世界的东西。

他从未学会如何享受生活的赐予，总是延迟享受幸福的时间。

他不敢昂首挺胸，在公共场合下发表演说，或是有所举动，似乎自己的人生，都完全决定于这些事情。

他通过各种途径来发展自己的商业能力，但却从未想过要锤炼自己的心智，或是让自己成为一个更为宏大的人。

他只读关于市场报告的文件，从来不读杂志或是报刊，也几乎不去阅读其他的书籍。

他从工作岗位上退休了，却发现必须要努力找寻属于自己的乐趣，实际上他早已扼杀了自己享受的能力了。

除了实现自己的利益外，帮助别人、回报社会或是国家的思想，从未闪过他的脑海。

娱乐、休闲或是各种有趣的活动，都曾被他看作是浪费宝贵时间的邪恶做法，他认为这些时间应该用来赚钱。

他在商店或是工厂里是一个巨人，但在其他地方却是一个侏儒。在画室里，他显得那么不安与尴尬，就像一头发怒的公牛冲进了瓷器商店。

他没有妻子，也没有孩子，朋友也少得可怜，但他却小气得要命，只顾着囤积自己的财富，好像某些重要的事情需要他这样做。

除非他觉得自己能从某人身上榨取一点东西出来，否则他是不会对别人感兴趣的。如果他不能从别人身上看到金钱的影子，他马上就会放弃与这个人的交往。

他能自如地谈论关于商店的事情，但却不能在工作之外任何有意义的话题上，发表任何有见解或是富于智慧的观点。

他对政治与政党一无所知，因为他觉得这些东西无助于自己的生意——这就是他衡量一切事物的标准。

他粗鲁地拒绝了任何用于慈善目的的捐款或是慈善工作，并失礼地这样说：“如果那些人像我这样，就不会需要别人的帮助了。”

32. 假期有用吗？

从你的力量源泉那里汲取能量，难道不值得吗？

难道增强你的创造力与独创力不好吗？

让你更好地把握自己的工作与职业，难道不好吗？

难道让你重拾自信与健康，不好吗？

难道你不想暂时缓解一下一年来的伤痛与苦楚吗？

难道一个充满活力与力量的大脑，不比一颗浑浑噩噩的大脑好吗？

难道让你紧绷的肌肉松弛下来不好吗？

难道更好地掌控自己的人生，并且增强自己做好工作的能力，不好吗？

让血液中流淌着铁性，从高山上吸取花岗岩那样的坚毅的力量，是不值得的吗？

重新焕发你的活力与轻盈的心，让年轻的自然与热情表达出来，这样不好吗？

远离你那唠叨、让人恼怒的性情，吸引更多的人，而不是排斥他们，这样不好吗？

让自己变得更加阳光与愉悦，增添生活的乐趣与幸福，这难道没用吗？

远离因为繁忙的城市生活而产生的一些狭隘的偏见、仇恨或是羡慕，不好吗？

难道最充分地利用上帝赐予我们的天赋，让自身的能量与活力帮助你发展自己，这样不好吗？

培养我们的观察能力，学会从“流淌的小溪中读书，从石头上看到布道，从一切事物中读到美好”，这不值得你去追求吗？

让生活充满美感，从水声发出的甜美音乐中，享受片刻的宁静，以及从大自然中聆听数以千计的各种声音，这难道不值得你去追求吗？

难道成为一个更为全面的人，拥有更为广阔的事业与人生阅历，不比只是一部工作机器，以同样的节奏年复一年地工作更好吗？

难道用少量的金钱，投资到健康与快乐中去，不比你吝啬于向对身心极为重要的东西进行投资强多了吗？

难道花点钱，让自己暂时自由一下，远离之前的烦忧、郁闷或是恼怒，远离之前的陈规或是老路，重新获得新的观点，这不好吗？

难道远离一下城市的钢筋水泥，到乡村那纯净与不受污染的空气中，重新焕发自己的能量，是不值得的吗？

难道你满怀着希望去面对工作，不比你像一个不情愿的奴隶那样消沉地工作，不比你低效、断续或是怀着悲观的心情去做事情好吗？让自己始终保持健康、自信与乐观的心态不好吗？

让那些之前只顾着工作、神经紧张，与总是趴在桌子上劳动的人，暂时远离一下办公室或是商店，给自己放个假，让疲惫与不安的神经，能够得到健康与安全的休整，给自己带来愉悦的感觉，而不是恼怒的情绪，难道这样做不值得吗？

只为节省你收入的百分之五，自己今年不去度假，而让自己在明年持续的压力下造成神经衰弱，必须要花费你薪水的百分之五十去看病，支付医疗的费用，还不算被迫躺在病床上被浪费掉的时间，你说值不值呢？

33. 你能永葆青春吗?

要始终保持年轻的心。

尽量避免展现出各种恐惧的行为。

不要在自己生日的那天，觉得自己比昨天老了一岁。

不要只因为自己的年龄，或是想着自己在慢慢变老，就觉得自己已经很老了。

不要使用各种刺激药物，那些东西只能缩短你的生命。

保持阳光的心态。任何美丽或是甜美的东西，都不可能在黑暗中成长。

自然有助于我们的复原，自然的精神是永远年轻的，与她站在一起，向她学习，好好爱她。

避免各种过犹不及的行为，这样的行为只会给你带来伤害。**要想长寿，必须要过上有节制与规律的生活。**

不要让任何事情，打扰你日常工作与休息的时间，要有充足的睡眠，特别是半夜前的“美容觉”，一定要保证充分的时间。

无论什么天气，每天都要在户外进行定期的锻炼，你可以散步、骑单车、划船、游泳或是打球。但是**无论你从事什么锻炼，都要尽可能地在户外进行。**

时常到乡村走一趟或是出外旅行，有助于清除我们心灵的灰尘。

不要只看到事情的灰暗面，对任何事情都尽可能保持阳光的观点。一颗充满阳光的心灵，会赶走所有的阴影。

养成知足常乐的心态。所有的不满或是愤懑，都只会让你未老先衰，在你的额上刻上深深的皱纹。

不断吸收新鲜与富于活力的思想，保持心灵永远处于年轻的状态。不断培养乐观、愉悦的性情，保持一颗健康的心。

保持室内与室外空气的纯净，对健康与长寿来说，都是极为重要的。绝对不要长时间待在有害或是沉闷的房间里。

爱是生活中所有疾病最神奇的治愈者，也有助于我们增强自身的能力，提升对这个世界的美好认知。如果你想一直从年轻之泉中汲取养分，就要**与爱为伍**。

避免愤怒、不满、匆忙，或是任何可能消耗你活力，或是过度刺激你的东西。**任何让你感到烦忧，让你失去内心平和或是造成失眠的东西，都会让你未老先衰。**

不要因为自身年龄的暗示，而让心灵僵化身体的肌肉。年龄只是一个心理状态，是由你对自己心灵所处状态的认可组成的。**你的心灵年纪有多大，你就有多大。**

不要好高骛远。过度的欲望，已经让许多人失去了生活的幸福快乐，让许多人的寿命不断地缩短。

不要过分顾忌自己的尊严，放开手脚，与小孩子一起忘情玩耍吧，给予他们充分的爱意，让他们也爱着你，你会增加自己的寿命。

保持魅力的思想——要有和谐的思想，真理的思想，无邪的思想，年轻的思想，爱的思想与善意的思想。

让身心养成平和、镇静与沉着的习惯。不要让任何事情打破你的心灵平衡。专注于人生的人，通常可以活得很长。

保持忙碌的状态：懒散是年龄的一大朋友，却是年轻人的一大敌人。有自己的工作与心灵的调剂，这对保持年轻有着神奇的作用。

我们每天都要去欣赏一些美丽的艺术品，秀丽的自然景色，或是阅读一些富于高尚精神的诗歌或散文，让美感充溢我们的生活。

不要与那些年龄与自己相仿的人相比，也不要觉得自己应该看起来跟他们一样。

34. 你的成功释放出什么信息呢？

假设你已经取得成功。

那么，你的成功释放出什么信息呢？给世人传达出怎样的信号呢？这种信息是充满希望、让人愉悦的，催人振奋或是追求高尚，还是让人想到贪欲或是自私呢？

你所拥有的财富，对这个世界意味着什么呢？对那些帮助你取得这些财富的人来说，这又意味着什么呢？——是否是一个更为宏大、或是狭隘的人生呢？他们的希望是否在这个过程中被埋葬，他们的梦想是否被扼杀掉，他们的机会是否被粉碎，他们的前程是否被毁掉呢？你所拥有的机会，是否与别人的代价相仿呢？

你打算怎么处理你的金钱呢？你打算怎么花你的金钱呢？你是用来让自己变得更加上进，还是让自己堕落呢？

你拥有的金钱对你意味着什么呢？这对你来说，是否意味着可以帮助别人、自我提升、接受更好的教育，接受文化的熏陶，不断拓展自己的视野，从书籍中得到更多的知识？你所拥有的金钱，是否给你在帮助别人上带来了更好的机会呢？你是否会用来扩大自己的影响，成为一个对社会有用的人呢？你的金钱是散发出慷慨大度，还是卑鄙的气息呢？你的金钱是让你目标更加高远，还是让你过上以自我为中心与狭隘的生活呢?

你的财富就是一块尚未雕琢的大理石。你从中看到了什么呢?是天使、还是魔鬼，是人、还是野兽呢?这对你是只意味着低俗、残忍的娱乐或是自私的生活，还是更有机会去帮助别人呢?

35. 这样的时代终将到来——

有能力去工作却不愿工作的行为，将被视为一种耻辱。

每个人都知道自私最终会让一个人失败。

自己富有是以别人更穷为代价的行为，将被视为一种耻辱。

黄金法则将成为商界最保险的准则。

无论男女，都将遵守相同的道德准则。

真正的快乐，只能从做对的事情中得到，只有美好才是真实的东西。

商人觉得自己最好的利益，就是要顾及买卖另一端的人的利益。

所有的仇恨、报复或是嫉妒的心理，都会被视为一种回飞镖，最终让伤害别人的人自食其果。

随意以取乐别人，或是剥夺无辜弱小的生命的行为，将被视为野蛮与残忍的。

每个人都将成为自己的医生，身上都有自己的解药——只有心灵才是万能的解药，而不是药物。

所有的人都将意识到，错误的行为不会带来真正的乐趣，因为随之而来的刺痛，会让我们表面上的欢愉，失去一切乐趣。

这个世界有充足的东西可以销售，不需要给任何人以施舍，其所需要的价格，就是买者所能给人类提供的最好服务。

人们将认识到，压制与惩罚并不能让人悔改，我们的监狱将会变成一座富于教育性与人格塑造的地方。

人们将发现，身体与化学的力量的本意，是让我们摆脱身体的所有负累，让心灵免于所有为了生计而奔波的负担，让我们可以更好地生活。

没有人会说这个世界欠他一个美好的生活，因为这个世界没有亏欠他任何东西，任何东西都是他靠努力去获得的。这个世界只亏欠那些残疾或是不能自理的人，一个美好的生活而已。

当受贿者中饱私囊，利用大众的无知而贪污，穿着名贵的服装，过着奢华的生活时，就是被正义以同样的方式惩罚，就像一位庸俗的强盗将一个人击倒，抢走了他的钱包。

“最好的社会”将由富于智慧、教养与成就的人组成，而不是由那些主要价值与个人名声，都是建立在非法占有别人所得、浪费别人财富之上的人组成的。

一个人会因为怀揣着诸如囤积非法的财富，只是想成为富人的毫无意义的野心感到可耻。女人们的生活，不再只是为了穿衣，或是将时间浪费在愚蠢与让人疲惫的娱乐中，再也不会任由自己沉湎在这些所谓的“乐趣”中。

那些吃着不劳而获得到的面包，或是穿着自己未缝一针的衣服的人类“寄生虫”，消费着别人辛辛苦苦生产出的产品，在别人汗流浃背工作的时候，自己却过着奢华的生活，摧毁别人的希望与梦想。这些人将被视为人类最大的敌人，必将被所有的人所排斥。

第三章

经商宝典

对每个商人而言，一条必须遵守的黄金法则就是，“让自己站在顾客的立场去思考”。

信任是巨大的资产。我们是根据别人的可信度来给予信任的。

没有比欺骗更让人丧失信任的了。当一个人对我们撒谎，我们知道后，就永远都不会再相信他了。

1. 心念富足

事业取得成功的首要因素，就是要期望成功。

“我们这里谈论富足”。一走进纽约一间办公室，我就被这样的标语震住了。我对自己说：“这些人之所以富足，是因为他们心念富足，他们不承认贫穷，或是承认缺乏他们所需要的东西。”

让梦想成真的途径，就是要坚持自己认同的想法。要想让富足的思想展现出来，就要在心灵中时刻坚持这种想法。这个国家数以千计的人，正是凭借对这一伟大原则的认知，摆脱了贫穷。我们开始意识到，**生活就是我们心中所不断坚持的想法，与勇往直前追求的呈现。**

前阵子，我听说一间公司以发函的形式，告知所有在外出差的销售员，说他们的生意很惨淡，处于远远落后的状态，希望所有的销售员，能努力将企业拉出陷入的坑里。

这样的一封信，只会让那些原本可以做到最好的销售员感到灰心丧气。他们会对自己说：“如果公司面临什么困难局面，或是走投无路，这肯定是公司决策层的问题，不可能是销售员的问题，因为我们与其他那些在外面出差的销售员都非常优秀。”

这个公司的做法是极端短视的。很少有人能在缺乏鼓励的氛围下继续工作，每个员工都希望能在一个成功的公司里工作。

我所认识的每一位成功商人，都不会谈论自己生意很差之类的话题。他们不会让自己深陷事物不良的一面。你也不应该去谈论市场不景气或是时势艰难。**学会说些乐观的话，而非沮丧的话。**很多商人都慢慢成为抱怨者与挑剔者，对他们来说，时势总是那么艰难的。另一些商人则陷入了悲观的陷阱里，无法从任何事情中，看到阳光与成功的喜悦。这些人都不可能取得成功。**成功就像一株需要精心呵护的植物，成长的过程中，需要鼓励与阳光。**

我们会慢慢成为我们内心所希望、渴盼与追求的样子，我们也会渐渐成为我们所厌恨、鄙视或是习惯性否认的人。后者会逐渐失去对人生的控制，无法控制自身的性格，最终湮没无闻。

坚决否认那种认为我们是贫穷的，是尘埃中可悲的蠕虫和自我匮乏的受害者、软弱者，只能躲在黑暗里忍受着纷争的想法，**坚持认为真理与美感占据生活的人，定会有个性带来的神奇美感。**那些被你一直抵御的思想，最终会从你的意识中消失，从你的生活中滚出去。

第一次与人见面，我们就很容易判断他对人生的看法。我们可以判断此人是不是悲观之人，或是以往不幸的遭遇、沮丧让他灰心，抑或他对每个人都抱着猜疑的心，还是相信每个人中友善的一面。如果他告诉我们说，自己相信每个人都有一定的价格，我们就知道他的视野出现了一些问题。但如果他是一位乐观、积极与充满希望的人，便会相信人生的赛跑没有终点，或是为自己生逢其时，以及在世界上最好的地方出生而感到庆幸；如果他相信自己的同事，他们就可知道他拥有健康的人生观，能以正确的态度去面对人生；如果他面向阳光，像向日葵那样追随着阳光，他就不会身处黑暗的阴翳，影子只能总是跟在他身后。

我们相信那些对生活充满自信的人，相信那些认为所有错误都只是走在暂时路上的人，相信那些认为所有纷争只是因为和谐的缺失，实际上并不存在纷争这回事的人，相信那些认识到黑暗只是因为缺少光明，健康才是真正的现实，而疾病则是完全不现实的人。

世上没有比黑暗、阴郁与沮丧的心灵态度，更能瘫痪一个人的创造力了。任何一项伟大的创造性工作，都只能由心怀乐观的人去做。

对失败的恐惧与对匮乏的惧怕，让多数人无法获得他们想要的东西，让他们逐渐失去活力，让忧虑与不安消磨他们的能力，因为富有效率与创造性的工作，对于成功是必需的。

那种认为世上没有足够的东西供给所有人，只有很少的东西，所以大家必须要绝望、自私地获取他们想要的东西的想法，这对个人与整个民族的进步来说都是致命的。

造物者的本意，不是让人类来到这个世界，只为了有限的食物而产生纷争，似乎他原本就没有赐予我们足够多的食物一样。这个地球上，不存在哪种东西是人们渴望追求与为之奋斗、且富于价值的东西，是会对每个人来说不够的。但是，无论你到哪里，那种鬼魅般的恐惧，那种对匮乏幽灵般的恐惧，都会横亘在你与自身目标之间。任何被这种想法困扰的人，都无法成就大事业的。**当人缺乏信心与自信的时候，是不可能成就伟大的事业的**。相信我们能够做好眼前的工作的想法，那么你已经成功了一半。

那些心灵总是充斥着疑惑、恐惧与不详预兆的人，肯定无法从事有效的工作，只会永远被这种不幸的心态所牵绊。

人类的心灵，除非能以希望的旗帜做指引，才能成就大事。当金钱、朋友、声誉甚至所有一切都远去的时候，他依然能追随心中的旗帜。

有些人只能弹奏“小调”。他们可能还没有意识到这一点，他们的心灵与话语中，有种下降的趋势。所有的一切都是让人沮丧的——商业萧条，前景黯淡，他们总是觉得前面充满了未知的挫折。当他们年轻时，一切都不像他们之前想的那样。他们无法获得任何有力的帮助，所有一切似乎都处于可悲的状态。

我认识不少这样的人，他们的信件内容总是充满悲观的情绪，他们的人生就像台风来临前的云层，一片黑暗，无论到达哪里，都会给人造成恐怖的灾难。

养成这样的心理习惯，是人生最大的不幸。

所有事情都取决于我们对事情的看法。在面对同样的灾难时，我们发现人们依然很务实地生活着，在看似的失败里，看到了未来的成功，看到了未来的富足生活。无论在哪里，都能看到这种积极昂扬的生活态度。

说话不要贬低自己的工作，因为没有人比你更清楚其中的沮丧。你那些时乖命蹇的人生经历，会对别人的心灵造成影响，觉得你就是一个不幸的人。

每当你重复过去不幸的经历、过去的烦恼、考验与失败时，你就在自己的心灵中刻上更深刻的黑暗图片，你原本应该永远忘掉这些经历的。

在人生早年养成乐观的人生态度，从最糟糕的事情中，看到最好的一面的习惯，这是人生难以言喻的幸福。

想想那些从生活中有所收获的人，都是满怀勇敢的心和希望去面对，并对生活中的事情怀着感恩的心，他们深信多数人都是诚实的人，拥有着人性的闪光点！

2. 有效的制度能够——

有效的制度会缩短实现目标的路程，让心灵免于无穷无尽的困扰与不安，无须顾虑太多细节与烦恼，做事毫无节制的人，则常常会遇到这些事情。

任何烦琐的细节，都无法让他分神，工作时不会浪费时间，办公室不会显得喧嚣，每位员工都各司其职，给人以力量与效率、平衡与安静的印象，让他的工作无须那么费神。他不需要事必躬亲，不需要追问每件事情的细节。**那些拥有最佳工作方法的人，能挤出更多的时间。**他的商业进度都依据自己制订的工作计划完成。他的成功，并不依赖于他每时每刻的掌舵。他学会了如何授权，如何让员工按照自己的意志去实现工作的计划。

在我们这个国家，有不少商人透过让员工按照制订的可行的计划去完成工作，让自己的能力得到了数百倍的提升。但是，很多人不知道如何让别人按照自己的计划去做事情，不知道如何通过制度的计划，去增强自己的能力。

很多商人能制订制度与计划，增强某个员工的能力，这样他就能取得数倍的成效。他能让身边的员工的能力增强数倍——通过帮助他们制订计划——通过自己切实可行与富于远见的计划。在他身边的每个人，都专注于去实现这个计划。当某人经过一个大公司时，会惊讶地看到每个岗位的员工，都专注于自己的工作，好像他们代表着整个公司的利益。你能迅速获得关于这家公司的细节。每份文件都整理得井然有序，每项交易都予以登记，每个包裹都被检查过，最细小的错误都能予以纠正。

有时间的话，到那些缺乏制度的企业去看看，所有事情的完成都靠运气，管理者没有制订计划，在前进的过程中，也没有制订计划，只是想办法去应付一时的需求。这些管理者时常感到紧张、不安、分神，与缺乏足够的竞争力，就像一只残缺了翅膀的小鸟，想飞却又飞不起来，总是在奔跑，但却又那么匆忙。他们没有时间与朋友交流，也许，他要让员工不断地帮忙，催促每个人做更多的工作，或是获得更多的帮助。因为缺乏适当的工作方向与计划，所以很多的事情都事与愿违。如果他的员工总是处于忙碌工作状态，而且一刻不得闲，可他觉得员工必须要做更多的工作，事实上，与之相反的做法才是正道。员工们一次又一次地做着重复的工作，一半的员工都只是在敷衍了事。员工的精力都浪费在没有制度计划的工作上，从一开始就不知道该如何去实现工作目标。

对于管家来说，这是同样的道理。不久前，我去到一位著名女作家的家里拜访，这是我到过最杂乱无章的家了。所有的物品到处乱放，当然，孩子们也跟着妈妈有样学样，将脱下的衣服到处乱扔。整个房间真像一间垃圾场。

制度会让人养成有效的做事习惯，让人有始有终，不会让人敷衍了事、半途而废。

我认识一个人，他想让自己做事更有制度，但做起来根本没有制度可言，也不知道该做到什么程度。员工总是到他的办公室寻求工作指示。

他经常坐车，可他不会将车票放在口袋里，以节省找票的时间，相反，他一个月还要到售票窗口买十几次票。而且，他还要时刻注视着时间表，想着原本有那么多票，为什么此时却一张都找不到。

此人的邻居则有一个时间表，所有的事情都为火车的出发时间让步，将票放在口袋里，总能准时赶上火车，而其他人则总是因为不知道将票放在哪里而感到烦闷。

如果你清晰了解并对一位商人有准确的判断，只要看看他的办公室就可以知道。如果所有的物品都是杂乱无章，使用过的东西到处乱放，如果他的文件与纸张没有整理好，他总是要费劲地找寻一些东西，你就可以肯定，他不是一位工作思路清晰与做事有计划的商人。

没有比杂乱无章与没有秩序更具传染性了，这通常让公司的每位员工都深受感染，并且士气低落。

制度与计划——

会让人做事更加平衡，心灵更加平稳，也更为乐观。

会让你清除心灵的蜘蛛网与灰尘。

会让人迅速找到他想要的东西，而不是在苦苦的找寻中，

浪费宝贵的时间。

会增加你的商业盈利，减少你的开支。

会提高你的做事效率，延长你的人生，让你觉得生活更有价值。

增强员工对你的尊敬，让你更加受欢迎。

让你更加高效地去做更多的工作。

让平庸的人比有能力的人，取得更重大的成就。

提高你的工作效率，因为这会增强你的自信。

增强你的自尊、自信，因此也会增加别人对你的尊敬与信任。

会简化许多让你烦恼的细节，让你更加自由地从事更为重要与创造性的工作。

会节省劳动成本，这样就不需要重复地做一些事情。

会让你变得更加随和，因为心灵的困惑让脑袋不好使，只能加剧紧张，因此也容易让人感到悲观。

会让你有休闲时间。一个拥有组织能力的人，有时间去拜访朋友，去参加娱乐活动，去旅行，因为制度与计划行之有效，为他节省了时间。

会让你更好运用以往的经验，让你免于商业陷阱与商业灾难。

3. 让阳光驻进心灵

“如果我能将一抹玫瑰色的夕阳，驻进一个人的心灵，”乔治·麦当劳说，“我感觉自己就像与上帝同步了一样。”那些与上帝一道工作的人，就是将自身效率发挥到极致的人。那些将阳光洒进员工心灵的老板，不仅是他们最好的朋友，也有助于其他人的发展。

怀着阳光与愉悦心情的员工，在充满善意、鼓励的氛围中，要比在充满严厉批评与吹毛求疵的环境中做得更好。

没有比你在公司传播阳光与愉悦的氛围，让你收获更多的投资了。责备、吹毛求疵、批评与催赶的工作方式，并不更加具有效率。

很多人以不自觉的冷漠、批评以及吹毛求疵的工作方式，扼杀了自己的事业。这样的做法，让满怀希望的年轻人失去希望，扼杀创造力，让工作成为一种负累，丧失了原本的乐趣。

先不谈为你服务的员工，尽可能地感到愉悦与心灵充满阳光，给你带来的好处，这其实就是你所应追求的最佳方法。你非常清楚，一匹时常被皮鞭鞭打前行的马，会感到焦虑与不安，没走多远，就会感到疲惫，而那些被温柔与友善对待的马匹，则能走得很远。无论男女，都有一种倾向于友善的天性，在这点上，我们与低等动物是没什么区别的。要是你时常责备员工或是恶语相向，你很难期望员工能满怀热情、充满激情地为你工作。

所谓能量，只不过是热情的另一种称呼而已。当你的员工处于沮丧或是阴郁情绪时，每次当你经过他们身边，总能听到你的抱怨时，他们怎能充满能量地为你工作呢？

员工在工作时，有权利感到快乐，免于忧虑与不安，对于自己与家庭的明天，不需要感到担忧，有权利在一天的工作后，享受合理的乐趣、消遣与娱乐。

员工有权利获得的工资，理应在满足他基本生活需求之后，能让他不断地学习与成长。

上帝从来没有让工作成为一种负累，他的旨意就是让工作成为一种乐趣，我们在那些充满道德阳光、和谐与善意的企业中，发现了这点。正是在这些企业中，我们发现员工们创造了最佳的业绩——不仅在数量上，而且在质量上也是如此。

无论是心灵的阳光或是外部世界的阳光，都是所有有益、强壮、圆满与向上力量的源泉。外部世界的黑暗与阴郁，制造了等级与杂草，滋生了病弱与无法结出果实的植物。心灵世界的黑暗与阴郁，则让员工的手变得软弱无力，让他们的努力没有实效，让他们变得渺小、效率低下与没有生产力。

无论你对员工采取怎样的态度，都会回馈到你自身与你的事业上。要让员工乐于见到你，用笑脸与充满愉悦与阳光的话语去鼓励他们，你会惊讶地发现，这样对你个人会有怎样的帮助。你的怜悯心与鼓励话语，不仅不会让他们忘记，他们之后的回馈行动，也会让你收获比之前付出更多的人格成长。

养成在工作中传播阳光与愉悦心态的习惯，关心员工的个人福利，点亮他们的生活，这会增强你的怜悯心，让你显得高尚起来，增强你对社会的价值。事实上，这也会让你感到快乐，因为要是你自己没有感到更加快乐与成为更好的人，你无法让员工们快乐地为你工作。

你一定会感觉到难以言说的快乐，一种难以言喻的愉悦，感知到自己被员工所爱戴，他们仰望你、尊重与赞美你，这不仅是你最为有效的工作方法，也有助于你获得为人气概、善良的心灵与持久的礼貌与欢乐。无论是从个人幸福的角度，还是商业投资的角度，或是站在帮助他人获得普遍幸福的角度，你都会发现，**无论在任何地方，都没有比传播阳光更能让你获得更高回报的事情了。**

4. 资本与劳动力——协调起来

当今这个时代，没有哪位雇主可以完全依靠自己的能力，去从事商业活动，他不可能单靠自己取得成功，无论他个人拥有多大的能力与多么雄厚的资本。**今日的商业是一个需要各方面合作的活动，那些与时俱进的商人，都会将员工看作自己的伙伴**，他们不敢冒太大的风险，但就企业的成功本身而言，雇主与员工都是伙伴，谁也没有足够强大到在没有与他人合作的情况下取得成功。

商人们开始意识到，要是他们与员工不能共同协作，会造成工作效率低下。如果这个国家的雇主与员工同心同德，像伙伴那样协同地工作，彼此都重视企业的利益，而不是觉得他们之间存在一道鸿沟，对彼此的利益存在巨大的分歧的话，那么，企业的工作效率将得到巨大的提升，可能会引发一次工业革命。

对于员工来说，只是试图不断地保护自己的利益，在不同工会上强调他们与雇主之间存在分歧，是让人遗憾的。他们不自觉地扩大了彼此之间的鸿沟。

卡耐基曾这样说：**“劳动力与资本永远都不要相互为敌，解决之道就是要利益共享。**每个员工都应该是企业的拥有者，这样的话，彼此间就不存在什么矛盾。如果我回到钢铁行业，这将是我做的第一件事。我会与员工们分享利益，每个员工都应该获得属于自己的份额。我认为这是防止劳动力与资本间，产生分歧的最重要的一步。”

让员工感到自己对企业的成功发挥重要影响，这是非常重要的。任何能够保证员工对企业的热情与忠诚的做法，都将是非常重要的投资。

雇主开始慢慢将员工视为企业的资产。因此，他们将员工们纳入账簿，将他们视为企业的资产。

让员工在适宜的位置工作，让他们拥有保险，获得丰厚的薪水、分成，晋升的前景以及公司的股份——这些都是让员工安心工作的重要方式，也能保证企业实行最完善的管理制度。

一位雇主曾说，他的利益共享系统，在五年内让业务员队伍的流动，减少了百分之三十五，让企业员工的流动减少了百分之五十。

因此，员工会注意公司的利益，不容易出错，也不会制造劣等产品，更能减少彼此间的摩擦，促进生产。

宾夕法尼亚州铁路公司，现在已经为数千名员工办了保险，为员工支付了大约五百万美金的保险金。

雇主开始意识到，所有的销售员工，特别是在他们与顾客达成合同的时候，员工就是代表着他们的雇主，员工让顾客感觉到自己的利益与老板的利益越相近，顾客就会觉得这家企业的未来越来越繁荣。无论你从事什么工作，无论你担任什么职务，都要拥有自己的个性。要展现你真正的自我，通过外在的举止表现出自己的才华。要鼓励员工们这样做，在企业内部要增强自己的个性，注意这样做不要干扰到员工的独立性。

商人们开始明白，人与人之间交流的重要性。将来的雇主与员工将会前所未有地进行合作，发现彼此的利益其实是一致的，要是缺乏紧密的合作，谁也别想能够在今日的商界里取得成功。

林肯说：“一间内斗的房子必将倒塌。”如果一家企业的雇主与员工，将时间浪费在争论与僵持上，这意味着企业就是一间内斗的房子，而这样的房子必将倒塌。

缠绕在一起的电线组成电缆，与数目相等但彼此分开的电线间，存在着巨大的差异。

很多企业的雇主与雇员，就像是优质的电线组成的电缆，能够承受巨大的重量。而在另一些企业里，他们就像是分散的电线，根本不存在一个共同的目标。每个人都只顾着自己的利益，想着怎样才能将自己的利益最大化，对别人的利益毫不关心。这样的企业一旦遇到艰难时势或是恐慌时，必定会分崩离析，而那些像电缆一样团结的企业则不会崩溃。当时势艰难，他们会紧紧团结起来。如果产品在货架上卖不出去，他们也会想尽一切办法去赢得销售。

我们国家的很多大企业，都浪费了许多有才之士的能力，很多能力都根本没有挖掘出来，因为企业的老板与员工缺乏真心的合作。老板们根本没有想过，如何唤起员工们的斗志，挖掘他们的潜能。在很多企业，员工们百分之二十五的潜能都没有挖掘出来，也没有得到发挥。很多有能力成为主管或是经理的员工，依然还在柜台后面销售东西，因为他们的能力没有被老板挖掘出来。

如果你的老板无法激发你的潜能，那么你的老板就不是一个好老板。

雇主们，你应该让员工觉得，在帮助他们如何处事方面，你应该是他们最好的朋友。你应该让他们觉得你是他们的老师，是他们职业的建议者。你的以往的经验对他们来说，有着重要的价值。你对他们有用的建议，应该包含你过去从经商经验中总结出来的智慧。所以，你有能力让员工们少走许多弯路，少犯几次错误，不像你曾经那样跌倒。你的智慧应该给员工们指明一些快捷方式，让缺乏经验的员工免于在原地踏步。

未来的雇主会将员工视为他的家庭成员，与他共事的男女员工，都将接受他最好的培训，这样他们才能在日后的生活中，获得最可能的成功，而他的伙伴们也会尽全力，去帮助他成功。

换言之，**彼此间互助、雇主与员工间的合作，将是未来成功企业的重要特征。**

个人的英雄主义，正迅速给科学的合作让步。今日成功的商人，正在研究合作的秘密。谁也没有强大到可以忽视这事关企业存亡的重要细节。

约翰·沃纳梅克之所以成为世界的商业巨擘，很大原因是他身边有很多聪明的人，不少人在很多方面甚至比他更有能力。在他早年的事业里，沃纳梅克会聘用他能找到的最优秀的员工，给员工支付的薪水，通常要比自己的收入还高。

马歇尔·菲尔德也拥有让聪明的人聚集在自己身边的天分。他总是找寻那些具有商业天才的人。很多让他取得商业成功的想法，都源于他的员工。他总是就如何提升企业，咨询员工的建议与想法。他有着利用别人的判断形成自己想法的天分，知道任何人都没有足够的能力，去覆盖整个商业世界。

伟大的执行者通过利用其他人的经验，节省了许多的时间。我认识一位精明与冷静的商人，此人的大脑就像海绵。当他与员工交谈的时候，总是不断接受他们提供的事实与建议，而他则将这些建议转化为他自己的智慧。

很多老板在授权后取得了成功。只要他们能够看到企业的所有事情，知道所有的运作细节都正常的话，那就可以了。而对另一些老板来说，一旦让他们授权给员工，就会感觉自己迷失了。他们不知道如何选择对的人，不知道如何权衡与评价一个人，不知道如何将适合的人，安排在适合的职位上。

拿破仑所坚持的英雄主义，最终惨遭灰飞烟灭的失败。他知道如何挑选杰出的将军，但他没有让将军与自己同心。他为人过分自私，不愿意与他人合作。他总是与属下保持一定的距离，想凭一己之力去完成所有事情，而不是依靠人与人之间科学的合作。

芝加哥的约翰·瓦尔士，单靠自己一人支撑银行企业，不可避免地遭遇失败下场就是最典型的例子。每个员工要是不能遵守老板的意志，就会被炒鱿鱼。这家银行的员工都知道，如果谁敢批评老板，马上就会被炒鱿鱼。任何的计划与行为，都要经过他的批准。每个员工都知道，自己之所以能身处岗位，是因为自己对老板的话言听计从，不管这是正确还是错误的，员工们都不会给予反对。无条件地服从，就是瓦尔士想要的。他可耻的失败，主要有以下两个原因——一是，谁也没有足够的能力，去处理所有的利益关系，与处理银行事务的所有细节；二是，缺乏足够的资本，去吸引别人的投资。

现在这个时代，**一个人作战的企业要想取得成功，已经越来越难了，因为谁也无法去管理那么多方面，让企业持续地保持正常的运转。**迟早，这个人与他的企业会到达他的极限，虽然他本人野心勃勃，但也会受困于自己的能力。

谁也没有足够的能力，去了解商业运转的全部知识。沃纳梅克与卡耐基的方法，则与瓦尔士的完全相反。卡耐基说过，自己的成功，是因为他知道如何聘用优秀的人才，这些人甚至懂得比他还多。他说："我能够让别人去做一些比自己去做取得更好结果的事情。"

很多最成功的商人之所以胜利，是因为他们有能力，让那些比他们知道更多的员工为他们服务，显然，这样的企业更加具有希望。

雇主与员工间的关系，正一年年变得越来越亲密、友善。他们相互间的理解，要比以前更加深入。过去隔离他们的墙正变得越来越薄，彼此间越来越亲密的情感正在凸显。

我不知道还有比老板与员工间亲密无间的合作，给老板带来更多回报的事情了。

我们经商的方法发生了多么革命性的变化啊！半个世纪前，资本家的残忍自私，似乎还是通用的法则，一方欺骗一方，还显得那么理直气壮，只要这样做不被别人发现的话。如果今天的商人，将要与员工利益共享的想法告诉之前那些人的话，他们一定觉得这是让企业走上一条毁灭之路。但是，现在这种做法被认为是最佳的商业模式，最终也会解决老板与员工之间的矛盾。未来的雇主将员工视为商业伙伴，发挥彼此的才干，共同进退，取得商业上的成功。

5. 除了工资之外，你欠员工的……

想对一家企业的老板有所了解其实并不难，即便你从来没有见过他，只需要观察一下他的员工——员工们在工作时候的精神状态，看看他们是充满热情，还是漠不关心。**老板的行为举止、经营模式，都可从他的员工行为中得到体现。**他的理想、习惯与性格，都会在他的企业中得到展现。如果他为人吝啬与卑鄙，那么这家企业就会充溢着让人窒息的气息。如果他为人友善、大度且乐观，像关心自己的福利那样关心员工的福利，那么，员工的脸上也会反映出这样的善意，会给予公司提供更好的服务。

很少老板意识到，他们自身的质量与个性，都会在手下一大群的员工中得到反映，很多年轻的员工都会跟着老板有样学样。

你的做事方法，你的是非观念，你是否为人诚实——这些都会给你的员工留下深刻的印象。**你是怎样的人，你的员工也会变成怎样的人。**

员工们很自然地向他们的老板看齐。他们对那些从一个穷苦家庭出身的孩子，通过不断克服困难，成功地创造自己的事业的人非常崇敬。

你是否想过，身处高位，意味着你在教育或是帮助员工成长方面，负有重要的责任。

如果你拥有更好的机会，你就承担相应的义务。你雇佣的那些出身卑微、穷苦且没什么文化知识的员工，无论男女，都有权利获得你的帮助，获得你的鼓励与激励。你是否想过，这些穷苦的员工是在帮助你，让你实现自己的目标，让你过上好的生活，难道你不应该让他们也这样吗？其实，你并没有这样的专属特权，给予你的特权也可能是给予别人的，必须要执行那条黄金法则，偿还自己应付的债务。这对你来说是刻不容缓的。

有很多老板不断阻碍着员工个性的成长，害怕自己对员工的影响或是作出的榜样，会让他们走向高尚与有才之道。他们以为那样做，就可以让员工始终默默无闻地为自己工作了。

不少企业的老板都根本没有意识到，自身会带给员工是好是坏的影响。虽然，员工与老板的关系并不密切，但是年轻的员工，还是将自己老板视为榜样，按照他们所处的岗位上，树立自己的商业道德准则。**年轻人总是喜欢模仿，会很不自觉地形成自己的理想、道德观念与举止，这些都是根据他们所处的环境，以及他们老板的行事准则来慢慢形成的。**要是你做事具有系统的方法、行事迅速、自律且专注于商业，这很快就会成为员工的行事准则。你的幽默感、诚实以及在交易时坚守公平交易的法则，都会唤醒员工们内心的共鸣，让他们不断效仿。

另一方面，与那些缺乏工作方法、犹豫不决、拖拉、充满疑惑或是缺乏系统的老板共事，则会让这些东西成为年轻人性格中的一部分。你那些有问题的计划，见不得人的私下交易，或是说些欺骗顾客的话，时刻准备着撒谎与隐瞒真相——这些都会动摇你的道德基础，让良心的老师渐渐远去。随着时间的推移，你的脑海就会忘记，可爱的母亲在将你送到这个社会时的谆谆教导，忘记原本该如何取得成功。

直截了当的工作方法，对你的员工而言，不仅意味着成功与失败间的差别，而且还会造成外部世界的巨大差异。

老板对现在社会出现的很多不良风气负有责任。比较一下纽约这座伟大城市不同企业的员工，在质量、个性与理想上的巨大差异。**一家企业老板的个性与理想，会慢慢地渗透到整个企业的每个层面，影响每个人，**甚至连收银员与办公室的男孩，都会受到影响。他们的行为彰显了企业老板的商业道德。一个好的老板会成为好的公民；而一个粗暴、充满坏心思的老板，会让很多人成为不良公民。

分析一群在不同企业工作的年轻人，并对他们进行归类，其实并不难。他们的行为、言谈与气质，自然而然会将他们定位出来。

无论员工到哪里工作，他身上都会残留着他所工作过的企业的气质。这就是在他身上难以抹去的东西，源于他曾经工作过的企业的老板。

如果你的企业雇佣着许多年轻的员工，其中很多人日后都要从事自己的商业。如果你对工作三心二意，那么从你的企业走出去的员工，就会带着你这种偷懒的工作方法，这反过来又会传递给那些为他们工作的员工。这是一个恶性循环。

你可能知道自己的性格以及商业方法存在的弱点，在很多曾经为你服务过的员工的企业中不断出现，就像是感染了天花或是霍乱一样，接触到这样企业的员工都会受到感染。

时常与直截了当的工作方法、公平的交易，与最优秀的商人打交道，沉浸在诚实的交易氛围中，这种微妙的影响，会进入员工的大脑与性格中。这些东西会被企业的员工学习到，然后带到难以计数的企业中去，影响数以千万计的人。员工就像是蜜蜂，他们的蜂蜜受那些花粉的影响。这个国家的不同地区的蜂蜜，味道是不一样的，每一种都有独特的味道。员工会不自觉地受老板的性格与周围环境的影响。欺骗的污点、采取一些伎俩去欺瞒公众，做一些虚假的广告，毫无个性的经营方法，这些方法不知被多少企业所效仿，又损害了多少员工与消费者的利益。

想象一下，一个年轻人在纽约蒂凡尼的企业做了几年学徒，另一个年轻人则同时在一家二流的珠宝企业做学徒，这家企业用黄铜代替黄金，它们之间的差别巨大吧。这样的交易培养了以次充好的习惯，以虚假的产品去欺骗，这样的做法，影响人的质量与未来的事业，让人变得肤浅，让人自然看轻真理的重量与真诚的价值。

我认识一位天赋极高的年轻人，但他的自然天性，却被那种卑鄙或是斤斤计较的工作方式严重损害了。他曾为一个不敢决断的老板工作，此人总是为一些小事而烦恼，将鸡毛蒜皮的小事看得非常重要。因此，这个年轻人也养成了这样的习惯，因为低俗、卑鄙以及吹毛求疵的工作方法是具有传染性的。他很快就成为一位能力平平的人了。

一位员工能否取得成功，并不完全在于他的天赋如何。一位脾气暴躁、自私的老板，通常会摧毁那些天性敏感的员工的创造力，这些员工显得很软弱与自我封闭，不敢拥有自己的主见。

很多女员工都依赖于她们的老板，是因为她们的薪水微薄，以及必须要养家糊口。如果她们失去工作，就得要等几个月的时间，才能找到工作。她们害怕被父母责备的心态，常常让他们忍受老板的责骂或是卑鄙的行为。

很多贫穷女孩的工作，是极度无聊与沉闷的。她们的工作没有一点阳光、欢乐与调剂。不幸的是，她们的家庭生活也是如此。一个健康、普通的女生，应该心存许多浪漫的情怀，如果这种情怀持续被压抑，在社交或是普通的娱乐中得不到释放的话，那么她就有可能暗中与男人发生关系，就有可能成为那些自私与残暴的老板的猎物。

雇主们，你必须要让你的员工获得积极的影响，不让他们受到不良的影响。这些内容应该写进你与员工的合同里，尽可能地让他们免于接触低俗与不道德的影响，或是任何可能会损坏他们个性的想法。

今天，在失败大军中有很多人，要是一开始他们在离家几个街区远的企业中工作时，遇到一个富有怜悯心与友善的老板，而不是严厉与没有情感的老板的话，那么，他们都会取得成功。

当你的榜样把别人拉下来，当你的不公平与专制让员工感到绝望，摧毁他们对工作的努力，这样的你是不可能取得真正的成功的，无论你堆积了多少财富。

6. 让每一天的工作都变得甜美

雇主们越发认识到，在企业营造愉悦与富于希望的气氛的重要性，这会大幅提高员工的工作效率。

一家大企业的老板，在早上八点到八点三十分期间，让数以千计的员工获得正确的心态，让他们脸上带着微笑去工作，而不是皱着眉头。员工们将这称之为早晨的激励，视为某种让他们获得一天好心情的钥匙，因为这让他们一天的工作都感到甜美。

一天之计在于晨。**早上你有什么心态，会影响你一整天的心情。**早晨你感到内心和谐或是不满，这会持续一整天的。我认识一位商人，他有着暴躁的脾气，为人吝啬，喜欢吹毛求疵。他经常破坏员工一整天平和的心态与舒适的感觉，他习惯了突然大发雷霆，说些不堪入耳的话语。公司的每个人都害怕他，员工们的舒适或是不快，完全取决于他的个人情绪。我觉得自己还从没见过一个像他这样，让所有人都觉得如此悲惨与小气的人。

此人与员工的关系，总是处于水深火热之中，员工也在不断地找寻其他出路，只是将他的公司视为跳板，因为员工也感到工作得很不开心。他运用过时的那种像对待奴隶般的管理方法，对很多与时俱进的商人来说，那些方法早已过时了。

此人不想看到员工在午餐时间开怀大笑或是显得欢乐的样子。换言之，他的工作方法就是不断地催赶与压制。结果就是，他无法让员工自发地工作。很多员工都觉得，工作是一种负累。

我认识另一位商人，他的企业离上面那位商人的公司并不远，可他对员工的影响则与上面那位仁兄差异甚大。他非常关心每位为他工作的员工的福利，他为人友善与周到。如果一位员工生病了，他会跑去慰问一下，送上鲜花。如果他看到员工——特别是女员工——看上去有点憔悴，似乎需要休息，他就会建议她们去休几天假。结果是，他与员工的关系相处得很融洽，员工愿意为他做任何事情。在繁忙的时候，很多员工都自愿留下来加班，或是早上提前过来，随时准备帮助他，因为他一直关心着他们的福利。结果是，他要比上面那位老板拥有更为优秀的员工。他不仅让员工发挥自己最大的才能与热情，而且还让他们对自己的成功充满期盼。换言之，**他将员工的潜力都挖掘出来，因为他满足了员工的利益。**

他的员工队伍非常稳定，因为几乎没有员工愿意离开，他们在这里工作都感到开心与快乐。他也为员工在午餐或是休闲时间，提供许多便利与舒适的举措，这是很多其他老板所做不到的。他会在假日或是几天假期里，给予员工意想不到的小惊喜。换言之，他想尽一切办法，让员工“紧密团结在他身边”。

很多员工觉得他是他们最好的朋友，将他的企业视为自己的家，他们满怀热情地工作，没有丝毫被别人催赶或是有负累的感觉，还感觉到自己对公司所能发挥的真正作用。

不少为这位商人工作了许多年的员工说，他们从未听他说过一些不友善的话语，也没有责骂过他们。他说自己不需要这样做，因为员工正不断努力去做正确的事情。他友善地对待员工，让他们对违背自己感到羞愧，不想说些损害自己声誉的话。很多员工都觉得自己就是老板的伙伴，看到老板的成功，他们也觉得非常高兴，好像他们自己成功了一样。

在早晨让员工对一天的工作感到有趣，给予他们一种善意、和谐以及诚实劳动的感觉，与那些从早上就让人感到可鄙、自私或是催赶的方式，两者之间的反差是巨大的。

雇主应该认识到，照顾员工的利益，关照员工的福利，这是一种很正确的做法。我认识纽约一家企业的老板，他们之前十四年都没有发过红利，一年前他们下定决心，要彻底改变之前的经营模式，尽最大的努力去激发员工对工作的热情。他们开始不断做出各方面的改进，以先进的管理模式，代替过去僵硬的方法，等等。他们雇佣了一位保姆去帮员工做午餐，煮咖啡，或是在他们生病的时候给予照顾。在户外游玩时，雇主会租赁一艘船以及一支乐队，去做各种让员工尽可能感到开心与愉悦的事情。

执行新政策的第一年，公司分发了超过百分之二十的红利，这是十五年来公司首次发放红利。

你会发现没有比鼓励你的员工，提升员工的工作环境，更让你获得丰厚的回报，带给你那么多的满足感，让你取得成功的方法了。

就在最近，我听到一位雇主说，他花费巨资装饰自己的私人办公室，让其显得更加吸引人，因为他说自己的效率很依赖周围的环境。而在同一家公司，很多员工却在阴暗的灯光下工作，在阴暗与狭窄的地方工作，他们肯定无法发挥自己的最佳潜能。很多人都是在昏暗的煤气灯下工作的，只是因为他们的老板从没想过在建筑上开一扇窗。

很多雇主没有意识到，只是因为缺乏对员工的适当照顾，没有顾虑到他们的感受，或是缺乏必要的鼓励，就会造成员工的工作效率下降、生产率不高的情况。

雇主们，你是否意识到，如果你需要一个充满艺术气息与吸引人的环境去工作，去收获最好的结果，那么你的员工就不是如此吗？你没有感觉到，当他们窥见你豪华的私人办公室时的眼神有点陌生吗？你就是一个如此短视的人，根本没有顾虑到员工的舒适与快乐感受，不愿意花费一点钱，去改善一下员工的工作环境吗？你是否想过，你的员工就没有像你这样的环境需求吗？

你要做的，就是将多一点阳光、多一点甜美洒进员工的生活里，让他们过得比以前舒适、快乐一点，这不仅会让你感到快乐，也会增强员工的工作效率，更别说员工对你的感激之情了。

7. 比皮鞭更好的推动方法

当一位老板催赶自己的员工去工作，员工只能浑浑噩噩地工作，就像一群奴隶在皮鞭下劳作，无法进入自己的最佳状态。真正重要的，是那种发自内心的自愿服务，而非强迫性的工作。

很多商人开始慢慢意识到，现在的管理方法，要比以往那种责骂、催赶或是不时敦促员工的做法优越许多。如果你能让员工自愿地做到最好，那么，你的工作就有了强有力的帮手，员工的工作效率也比之前使用“大棍子”那样提高许多。

商人们开始意识到，任何可能让员工感到不悦的事情，让他们心灵感到不快或是不满的事情，都是有害无益的，浪费了他们的能量、宝贵的精力，要是使用正确的方法，这会转化为巨大的效率。

他们发现友善、周到、欣赏员工的优质服务和激励，都是催发员工高效工作的重要方法。他们发现猜疑只能获得猜疑，信任得到信任，同情得到同情，冷漠只能得到冷漠。这些都意味着服务的浪费与损失。

如果你与员工的相处存在困难，试试在原本该严肃的时候变得友善，试着去关心员工的福利，而不是一味地指责或是批评他们，你就会发现这是最有回报的投资，其他的任何投资，都不会给你如此高的回报，即便是从金钱角度来看也是如此。更重要的是，你会意识到自己获得了员工的爱与自尊，他们的爱戴、尊敬与信任，这会带给你更大的满足。难道这不比你从压榨他们获得一点点小回报，让你失去他们的尊敬更加重要吗？

雇主们，你没有权利因为你的肝功能紊乱，而将自己的愤怒发泄到员工身上，只是觉得这样做可以让自己舒服一点，就冒犯别人。你没有权利用讽刺与鄙视的言语，去讽刺你的员工，这与你在背后捅他们一刀，其实没什么区别。

让别人觉得你残忍，这是你最懦弱的表现，因为那些受伤的人，无法给予有效的回击。

不要让员工害怕你的出现，而是要让他们见到你很高兴。用一张笑脸去鼓励他们，用友善的话语去温暖他们的心，你会惊讶地发现，员工们也会友善地响应，他们会以更好的工作来回报你，你也会感觉很舒畅。

当一个人犯错或是做错了事，你要友善地指出。这样做会产生非常神奇的效果，不要失去任何一个表扬员工做得好的机会。

半个世纪前，很难找到一个关注员工福利的雇主，也没有人注意到员工的心态问题。但是今天的雇主慢慢发现，任何可能引起员工兴趣、让他们感觉快乐与满意的事情、觉得心生舒畅的事情，都会得到员工加倍的回报，让他们获得更为平稳的心态。

如果你在他们心中播下蓟草与荆棘，就很难收获到玫瑰，以及他们尊敬与友爱的甜蜜与芳香。如果你为人自私自利，员工也会消极怠工。如果你的员工觉得你不关心他们，只想从他们身上榨取什么东西的话，他们也会那样对你，只关心自己的薪水，让自己过得舒适一点。

员工的尊敬与敬爱，对你来说是极端重要的。你的成功与失败，很大程度都掌握在他们手上。他们经常能改变局势，决定着你是生意兴隆，还是一败涂地。让员工感到快乐与满足，这最终会得到回报的，将大幅度地增强员工的工作效率与质量。

当我们感到幸福，内心处于和谐状态时，我们能做出最有效的工作。当我们内心不悦、心中不满或是觉得有所不快的时候，就不能有效地专注于自己的工作，而专注正是取得成功的秘密所在。**我们的心理机能一旦遇到不和谐的东西，就会出现反抗。**我们都知道，一个顽皮与内心不满的小孩，如果时常遭受责备，要他去完成一件事情是非常困难的。他肯定会时常犯错，把事情做错，而当他感觉快乐的时候，就会把事情做得很好。

严厉、自私与像对待奴隶那样催赶员工的雇主，几乎没有意识到，他们的工作方法其实让他们损失严重，让那些为他们工作的员工效率低下。

人类的心灵都是需要自由的，员工们一定要感受到某种自由、满足与和谐，否则他们是不会做到最好的。

你的员工就像你的小孩，你怎样对他，他就会怎样对你。要是你自以为是、妄自尊大地对待自己的儿子，你能期望他对你做什么事情吗？同样的道理一样适用于你的员工。

如果你不能让儿子保持自信、尊严与友爱，你就会失去对他的影响力。同样的道理也适用于员工。对于一般的员工而言，生活一般都是比较艰苦的，要是他觉得自己的雇主是他真正的朋友，关心他的福利，希望看到他逐渐富有，那么他肩上的担子就会轻许多。

要是不能最好地对待员工，你也别想让他们付出最有效的服务。自私与贪婪也会让你的员工这样对待你。如果他们知道你对他们的福利漠不关心，没有给他们提供火灾求生通道或是灾难保险的话，你的想法就是以最小的投入，去榨取员工们最大的回报，这样，员工是不会付出最大的努力的。

要是一个员工知道，你最大的利益就是想榨取他身上的服务，只把他当成是为你服务的工具时，你又怎能期望员工，能以最好的状态为你服务呢？

正是温煦的阳光让花蕾绽放，散发芳香与展现美丽。要是遭遇寒冷与冰霜的袭击，它们就会凋谢。**用压迫的手段去让员工为你服务，这是非常短视的。**

员工们都是和你一样的人，要是你总是以自私自利与贪婪的念头去对待他们，你怎能期望他们对你保持忠诚与奉献呢？

对雇主而言，最持久的力量，莫过于让身边的员工不仅尊重自己，还要让他们因为自己的友善的行为、关心他们的福利、希望员工能在这个社会上出人头地的想法而去努力工作。很多雇主都没有意识到，一群快乐、满意与自尊的员工，所能产生的巨大能量。

没有比友善、周到、对他们情感的照顾、对他们不足的怜悯、对他们福利的真实关切，让你获得更大的回报了。

8. 全新的商业哲学

人生就像一条走廊，人来人往，彼此交谈，不时回荡着我们的声音；人生就像一面镜子，反映出我们的面貌。如果我们微笑，就会获得微笑的回赠，如果我们皱眉，也只能得到皱眉的回报。

员工们的人性与你的是一样的。

很多商人似乎认为，只要给员工支付薪水，给他们工作的机会，就觉得自己该做的已经做了，并希望得到员工发挥自身的最佳潜能。他们希望自己的冷漠，能够换取员工们发自内心的热忱。除了薪水与给予员工工作的机会，他们似乎认为，每位员工都只是为了金钱而工作，每个员工都应该付出一样的回馈。每个从商的人都知道在交易时的一个道理：物以类聚。

雇主们，你也知道自己深受自身情绪的影响。当事情似乎出现差错，当你遭受损失或是遇到困难的时期，当你的产品都留在货架上卖不出去，当你的支出超过收入，虽然你之前得到优秀的培训与人生经验，你也知道在这个时候，要保持自己的勇气与愉悦，是多么困难的一件事。**人们都是自己情绪的受害者。**优秀的员工在事情顺利时，都会很开心，但他们却无法忍受失望的沮丧。但是，很少雇主知道友善与赞美所带来的神奇效果。很多员工勤奋努力地工作，就是为了获得老板的表扬或是赏识，这是薪水所无法给予的。很多员工遇到的困难，在他们看来似乎是难以克服的。可他们通常都没有培养像雇主那样的人生哲学，要有耐心地忍受困苦。

虽然你曾经遭受过损失，但你可能还有一个温馨的家庭与不动产，这些可能是你不曾损失的；虽然你可能生意萧条，但你的很多员工，可能只有少得可怜的积蓄，去应对困难的日子，未来的前景似乎非常黯淡。很多员工都缺乏足够的文化修养，只是希望能过上好的日子，但在遭受生病、死亡或是别人的欺骗后，为了生计，只能去做艰苦的工作。

雇主们，要是你不能最好地对待员工，就很难希望员工拼命为你卖力，他们因此而不会诚实地为你出力，不愿意将热情、知识、想法与真诚投入到工作中去。如果你没有很好地照顾他们的利益，他们也不会全身心地为你服务。这并不缺乏科学依据，你只要从你的员工身上，就能看出这样的道理。

怜悯心唤起怜悯心，冷漠只能得到冷漠，关心能换来关心，友善也能得到友善的响应。要是雇主能够试着去了解员工的家庭状况，了解一下这些员工是否有患病的父母，或是残疾的哥哥或姐姐，这些家人是否依赖他的薪水来维持生计，可以的话，就要给予一定的帮助。要是雇主能够唤起员工的斗志，鼓舞他们的士气，帮助他们不断提升自己的能力，就能得到员工给予的最好服务。

很多雇主只是得到员工很小一部分的服务，因为他们唤起了员工内心最糟糕的一面，而不是最优秀的一面。要是我们遇到友善的人，自然会友善地给予回应，遇到喜欢批评的人，我们也会以批评的心态，去看待这个人，责备也只能得到员工的暗地责备，我们在内心自愿的时候，能做出最好的成绩，而不是靠强迫的方式。

员工没有像你那样，有相同的动力去支撑信念、努力地工作。你的成功，你意识到的力量，你对人生的热爱，都让你在人生道路上不断奋勇前进。但很多员工除了获得薪水之外，就再也没有其他的工作动力了。**很多人更看重雇主能说几句友善的话语，给予周到的关心，能给予他们一些鼓励与欣赏，这样，他们的动力就不仅是你支付的薪水了。**

员工能迅速感知你对他们的感觉。他们很快就知道，你是否放弃了自己本该去做的事情，或是你对他们的利益非常关心。

一根蜡烛在点燃其他蜡烛的时候，并不会失去自身的光芒。要是你对员工的问题给予一点帮助，让他们知道你的经验，你也没有半点损失。你给予他们越多的帮助，他们也会越多地给予你帮助。你越关心他们的利益，他们也会关心你的利益。

有两样东西是每个雇主都不能失去的，那就是员工的尊敬与信任。如果他无法做到这点的话，就会遭受难以弥补的损失。当员工失去了对你的尊敬与信任，他们就不会像之前那么卖力，也不会像之前那样对你充满敬意。

吹毛求疵、唠叨与贬损的话，这些都会对员工产生压抑的情绪，不用过多久，你不仅失去员工对你的尊敬，也失去了自尊。一位长时间被视为失败者、一无是处的人，不用过多久，他也许就会认为，自己真的是一个失败者，开始变得没有自信。当他失去信心的时候，也就失去了将工作做到最好的可能性了。

那些喜欢给别人制造阴影的人，吹毛求疵的人，喜欢讽刺员工的雇主，这些人总是让你感觉很不爽。不相信身边的每个人，也就无法得到好的结果，也不能得到员工的优质服务。那些激励人心者，那些让人感到愉悦的人，散发出希望与鼓励的人，对人总是说些友善的话语的人，总是准备给人提供帮助的人，这样的雇主才能让员工发挥自身的潜能。

人们对商业心理学的逐渐重视，也是这个时代充满希望的一个信号。在很多方面，我们都发现，那些说自己已经掌握了经商秘诀的人，在企业运作的时候，不会出现像以往的那种摩擦与忧虑，避免了分散自身的精力，不会让他们未老先衰。他们彼此间能建立更友善的关系，与他们的合伙者以及员工，都能建立良好的关系。在这些企业里，我们会感受到和谐的氛围与友善的关系，而在之前的企业里，大家都好像是陌生人。

人们开始认识到物以类聚这个道理。甚至员工都知道自己得到什么，就应该回报什么这个道理。如果我们能照顾别人的利益，我们就能得到自己的利益，如果我们对别人的利益漠不关心，最终也将一无所有。人们开始明白，**对别人贪婪、自私与自我的态度，只会让自己得到相同的回报。**

雇主们似乎还没有意识到，要是他们唤起员工最糟糕的一面，如果他们唤起员工卑鄙、狭隘、可鄙的一面，这也是雇主自身质量的反映。所谓有其父，必有其子。你如果鄙视别人，就不可能期望别人最好地对待你。你可能知道，你怎么对待他们，他们也会怎么对你。你皱眉，他们也会对你皱眉。虽然有时候员工会自我压抑一下，或是隐藏内心的反感，但你肯定得不到微笑。你的仇恨只能引来仇恨，他们可能不会公开地说出来，但他们心中肯定是燃着对你仇恨的火焰的。员工怎么对你，就是你自身最好的反映，就是你怎么对待他们的回音。

很多头脑冷静、精明的商人，在对待员工的事情上如此短视，真是让人觉得非常奇怪。

他们在责骂与侮辱员工的时候，想都不想，却希望员工能够以德报怨，能够老老实实地工作，不论他们怎么对待员工，都觉得员工会不余遗力地为他工作。

我认识一位年轻商人，他似乎想让身边的每个人，都知道自己是老板。“我希望你们知道，我是这里的老板，我给你们付薪水，我就是老板。”——或是：“这家企业的员工，很快就知道谁是老板。”——他经常在自己的企业说这样的话。

他没有意识到，这样霸道的行事方式，让他与员工难以建立亲密的个人关系。

他总是切断自己与身边员工怜悯心的纽带，每个人都会疏远他。

正是那些让员工感到老板的自信与信任，相信他们能够成为高效的人，有能力承担责任，与员工保持亲密的关系的雇主，才能让员工发挥最佳的潜能。上面那位年轻的商人，只能得到员工消极的服务，而不是积极、富于创造力与有效的服务。

9. 找寻巨人

我们这个国家最具规模的企业的主管，都在努力地营造一种成功的气息，创造一个催人上进的工作环境，激发员工的上进心，让他们鼓起干劲不断前进。这样做，只是为了唤醒员工们沉睡的才华，将他们的潜力全部激发出来。

雇主们开始意识到，大部分员工的能力都没有得到发挥，因为这种能力从未被激发与唤醒已成为现实。与时俱进的商人，开始将他们的员工，视为一个具有无限潜能的宝库，知道员工的素质，决定着自己商业的成功与失败。

我们经常能听到雇主抱怨这个社会缺少优秀的人才。他们说要找到适合的人才真是太难了，事实上，他们企业里可能就有很多具有这样才能的员工，只是没有被挖掘出来而已——这**些员工之所以无法将自身潜能挖掘出来，就是因为他们没有机会，去展现自身的才能**，缺乏老板的信任，所以潜能也无法被激发出来。他们的雇主未能给予他们足够的自信，也没有让他们担当大任，没有给予足够的信任，不觉得自己的员工能将事情做好。

被别人信任，觉得自己有能力将事情做好的感觉，是非常神奇的，让人觉得妙不可言！当别人信任与欣赏我们的时候，我们的潜能自然会被打开，不断地拓展，迅速地成长。

这就是很多雇主所失去的重要资产。在我们国家的许多企业里，员工们超过百分之五十的潜能，都没有被挖掘出来或是被加以利用，因为他们被错误的工作方法所压制。许多雇主都在抱怨，为什么优秀人才那么难找，都在从外面找寻真正有能力的人，事实上，许多人才就在他所在的企业，只是他没有被发现而已。

要是你的员工听到你总是抱怨说找不到优秀人才，所以只能到外面去找寻经理或是主管的时候，这是让他们非常沮丧的。**但要是员工们知道，所有的提拔都会从员工内部中进行，这将是一种巨大的鼓舞。**

在我们这个国家的许多规模较大的企业里，要说应该出现怎样改变的话，毫无疑问，企业内有相当多的员工有能力去管理企业，正如现在很多主管所做的那样。

不要害怕让员工去承受责任，你会惊讶地发现，他们很快就会崭露头角，激发之前从未展现出来的能力。无论在哪里，年轻的人都迅速脱颖而出，迅速取代那些能力不济的人，担当他们之前从未想过的职位。

很多雇主都无法洞察或是欣赏一个员工的能力，只有在员工开始展现才能的时候才发现。要是他没有机会的话，那他怎么可能展现出来呢？

今天，也许在每一家大企业里，都有数十个年轻人的能力，与他们主管的能力相当，他们要是担当这些职位的话，也不一定会比现在的做得差，但是他们现在依然还在普通的职位上工作，因为他们都没有展露出自己的能力。我的雇主朋友们，你们要注意一点，你要对自己聘用的员工的能力有所判断，你永远都不可能知道，他们中会有多少人，可能成为日后的沃纳梅克、菲尔德斯或是斯特劳斯，而现在他们正在为你打工。事实上，很多员工的能力都可能在你之上，以后可能取得比你更大的成就。

很多雇主原本可以让员工们更加卖力地工作，却因为始终不肯给予他们机会，去展现他们的创造力与个性，只能得到他们卑微、毫无裨益的工作。**员工们都有自己的办事方式，要是总是压制的话，他们的工作也只不过是例行公事而已。**

不少雇主甚至不允许员工们提出建议，他们觉得这是放肆的表现，也许，他们只想告诉员工乖乖安守本身、遵循命令，做好自己的工作就可以了。

扼杀员工的创造力，压制他们任何独创性的行为，都是极为短视的。没有比赞美与欣赏，更能迅速提升员工的服务价值。只要让员工们觉得自己是企业的一分子，那么，整个企业就会焕然一新。

希望、鼓励与欣赏，都是雇主手中掌握的重要资产，虽然他们很少意识到这点。很多雇主之所以失去这些资产，是因为他们总是让员工处于沮丧与垂头丧气的状态，所以员工们也不愿意发挥自己的最佳水平，只是漠不关心地完成自己的工作。

一位能够时刻激励员工的雇主，相比于那些总是压制员工的创造力、以批评与责备来扼杀员工希望与热情的雇主，拥有太多的优势了。

很多员工之所以感到灰心，是因为他们总是觉得自己一无是处，永远也不可能成就什么大事，这种自我贬损的心态，逐渐会削弱他们的勇气，最后失去对自己的信心。

我认识不少年轻人，他们对先前的工作都认为一无是处，似乎永远都没有什么成就，但是在去到其他公司，离开了原先那家老板并不赏识、且认为他们不能成大器的企业后，却实现了跨越式的发展。在一位友善且信任他们的雇主的积极鼓励下，他们的成长显得非常瞩目。

员工的忠诚，是一位雇主最重要的资产。他绝不能承受失去员工忠诚所带来的后果。只有一种让员工忠诚的方法，那就是你要对他们忠诚。无论你想挖掘员工身上怎样的潜能，无论你希望员工对你采取怎样的态度，无论你多么希望他们尊敬你，无论你想他们多么为你着想，你只能始终抱着同一种态度，那就是“己所不欲，勿施于人”。

想一下，要是你拥有关心员工福利的声誉，在他们生病、沮丧或是遇到麻烦的时候，让他们感觉你是他们真正的朋友——也许，是他们最好的朋友，他们也不知道该以怎样的方式回报你，这才是你重要的资产。我认识一些因为家人生病或是去世而深感沮丧的员工，他们的雇主却没有想过给予他们半点同情心。雇主从未想过诸如给那些生病的员工送花，或是参加那些为他工作多年的员工的葬礼。这些铁石心肠的老板，有什么权利要求员工的忠诚与工作的热情呢？

在你的员工里，也许有不少人能力跟你不相上下，他们只是缺少一个机会与一点鼓励而已。给人一句鼓励的话语，就会让他不断地自我提升、不断地发展，最终可能展现出前所未有的潜力，也许连他自己都不知道。

很多有能力的年轻人缺乏主动性。如果他们获得机会与鼓励，他们就能勇往直前、成就大事；要是没有这样机会的话，就只能依赖别人，做一些卑微的工作。

很多原本周薪达到一百美元的员工，却只能当个周薪只有十五美元的下属，因为他们没有被给予足够的自由度，潜力得不到发挥。

10. 诚实在商业中的角色

这个国家的很多商人，都觉得在商业交易里采取蒙骗或是欺瞒行为，都是难以原谅的耻辱，但他们却都默许他们的商品去欺瞒顾客，在这方面，他们显得毫不犹豫。

他们以次充好，销售各式各样的假货，却在货品的包装上，贴上各种诱惑的标签吸引顾客。一些货品上贴着“法国制造”，事实上却是在纽泽西州制造的，抑或贴上一些错误的标签，他们早已印刷好了数以万计这样类似的标签。我们国家的很多企业，都在大规模地仿造外国的标签。香水、酒与香皂等等，都常常贴上法国的卷标，那些卷标的文字在语法上不通顺，出现一些拼写错误，任何一个学习过法语的学生见到后都会大呼：“假货！”

这些商人花高薪聘请一些人，为他们的产品写广告语，他们知道这些广告语就是用来欺骗顾客，让他们对产品的质量与产地有所误解的。

在与这些人的私下交往中，这些人不会想欺骗或是蒙骗你，可他们通过广告商来欺骗你，正如很多与大企业打交道的商人，在平时的交易中也不会欺骗你，但他们却预设了广告商对你的欺骗。

要是将假货从我们的货架上拿下来——包括贴着虚假卷标的产品、盒子与卷标本身，将所有掩盖低劣产品质量的卷标全部扫掉——一些货架几乎会被全部清空。

商人什么时候才能明白，世上没有比告诉顾客真相更加强大有力的广告了。

在经营企业的时候，相比于保持销售诚实产品，准确告诉顾客准确事实的声誉，要比任何花哨的广告词都更为重要。让你的企业建立在真相之上，那么上层商誉的建筑才能取得成功。

一个野蛮部落也曾有这样一句格言："小偷会捉到自己。"广告人员应该知道一点，那就是欺骗与谎言会自然显露，最终会伤害到自己。

在纽约，很多大型商场的员工，都被教导如何欺骗顾客。这些商店总是在货物上贴上欺骗的标签。诸如"出厂价""成本价""减价大清仓""最后几天""租期到了"——所有这些话语都只是为了换取一时的交易。住在附近地区的人们知道这些话并不真实，也肯定不会到这些商场购买东西。

有不少这样表面诚实经营的商家都是这样做的。在过去几年的时间里，我看到这些商店的产品，都覆盖着欺骗顾客的标签，诱导顾客认为他们的产品都卖出去了。

这些大型商场的店员，通常在卖贴着"优惠大减价"卷标的产品给顾客。事实上，这些产品都是质量最低劣的那种廉价货。他们时常用假冒的海豹皮与海象皮以次充好。一些商店的老板还大言不惭地保证他们所销售的产品能用好几年，事实上，他们的企业几个月后就要倒闭了。他们为了逮住几个傻瓜而尽最大的努力——据说，每分钟都有傻瓜会上当的。没过多久，他们的商店就会贴上新的标签，专门为了吸引那些新傻瓜们的注意，说本商店的租期快到了，愿意“亏本大甩卖”。

有一家企业在拍卖会上，以低价大批量买进了许多产品，再以廉价的租金在附近租了铺位，然后贴出这样的广告语“被迫搬走”，奇怪的是，原因竟然是“由于租期即将到来”，他们愿意“亏本大甩卖”。

许多商人最常用与最可耻的广告宣传语，都是在橱窗上贴出这样的标语，上面有两组标语。最上面用红色笔划掉一个数字，下面则有一组说明减价百分之三十后的价格，但是他们不敢详细地说明其中的细节。

在纽约这样的大城市里，类似这样的广告语多如牛毛，着实让人震惊。想想这对那些在类似企业工作的员工所产生的影响。

这个国家最著名的企业的立业之本，就是一定要考虑到“交易另一方的利益”。

对每个商人而言，一条必须遵守的黄金法则就是，“让自己站在顾客的立场去思考”。

信任是巨大的资产。我们是根据别人的可信度来给予信任的。

没有比欺骗更让人丧失信任的了。当一个人对我们撒谎，我们知道后，就永远都不会再相信他了。我们几乎能原谅除了欺骗之外的所有事情。也许，这没有严重影响彼此间的关系，但我们在商业往来里，再也不相信曾欺骗过我们的人。我们总会发现他们的。

我们到处可见不少商人在前进的道路上，以欺骗与不诚实的方法，阻挡自身的前进。每当尝试欺骗别人的时候，都会绊倒自己一跤。

很多人都戴着面具进行经营，他们显得很有手腕，为人精明与冷静，想无本万利。他们带着赌徒所说的“扑克脸”，要是觉得形势对自己有利，就会尽可能地展现自己，希望顾客能看一下。我们发现那些油嘴滑舌与精明的商人，都喜欢这样做，而抱着开放心态、坦诚与信任态度的商人，则没有什么好隐瞒的。我们会毫无保留地给予信任。

商人不愿意与那些总是需要提防的企业打交道，而是希望在商业交易时，能感到信任与安全。

商业诚信是一种巨大的资产。为什么在芝加哥大火中损失惨重的数以千计的商人，能够很快重整旗鼓，在金钱匮乏的情况下，依然能进入批发行业呢？他们以往的诚信，成为他们的银行账户。很多商业机构说，这些都是诚实交易的商人，他们肯定会偿还所借的金钱，而且不会拖欠，因为这些都是勤奋工作的人，真诚地与所有的人打交道。他们拥有自己的诚信品格。诚信品格就是让身无分文的人，能够去购买价值数千美元货物的硬币。他们的诚信，没有随他们的商品在大火中烧尽，他们身上最好的资产，是大火与任何灾难都无法破坏的。

“数千美元都贷给那些诚实的商人，”圣·路易斯银行的主席，在银行最近的一次会议上说，“因为这些人都具有很高的品格——虽然他们不是很富有——但他们不会去借自身所无法还清的钱。”在别人问道，是否担心这些小企业有能力偿还贷款的时候，他这样说——要给诚信贷款。

要是深受大众欢迎，因为自己的富有与权势而被别人羡慕，享有尊贵与直率的名声，但自己却时常觉得名不符实，每时每刻都害怕别人发现自己的真面目，害怕某些事情可能会揭露他的真实为人，让大家都看清楚他，这样的生活真是太恐怖了。但**诚实之人则没有什么可怕的，也没有什么需要掩藏的，不需要对朋友说假话，而是过着自己清明的生活，不怕任何人的揭露。**即使他失去所有的物质，也会在他的同胞中树起一座丰碑，让人们对他崇敬与爱戴。任何事情都不可能损害他真正的自我，因为他以往的人生没有污点。

下面是对威灵顿作为士兵与政治诚信的见证。丁尼生曾经这样评价这位牺牲的士兵：

哪怕所有以往全部曝光，他都不存在半点羞愧。

罗斯福说：“金钱与地位，都不能让一个从事卑鄙、不诚实勾当的人变得高大。”

对很多人来说，有时——特别是**年轻人——他们可以在诚实的竞争与肮脏的财富中进行选择。这在我们的大城市里特别适用，这也是对我们奢华生活的一个巨大诱惑。**如果我们能安于过上平淡的生活，正如我们的先辈那样，就能挺起胸膛去面对这个世界，因为我们没有欠任何人一分钱，偷钱的人会变少，撬开保险箱的人也会锐减。刚走进社会的年轻人，一开始能忍受贫苦与保持自身的尊严，手中就握有了取得成功的最重要法宝。

11. 当企业领导放松了……

倘若任何人觉得自己的地位或是名声很巩固的时候，这是非常危险的时刻。过分自信是衰退的表现，也是逐渐走下坡路的表现。当我们努力为地位奋斗，为实现自己梦想而努力，去获得自己心中想要的东西时，我们才能发挥自己最大的潜能。

梦想是所有人工作富有效率的支柱，没有了梦想，就失去了继续前进的动力。这可能在很短的时间里，摧毁一个人的目标。梦想的敌人总是在不断潜伏，沮丧、恐惧、忧虑、懒惰与想轻松过日子的想法，选择走最没有阻力的道路，感觉自己已经功名成就了，觉得自己已经出人头地了，不再需要惧怕什么对手了——所有这些想法，如果不能有效地加以遏制与防备的话，都会逐渐消磨我们的理想。

当一个人对自己这样说“现在，我可以更加自由地呼吸了，我可以放松一点了，我已经有所成就了，我是公司的领导，遥遥领先自己的竞争对手，所以我可以轻松地看到一些事情了”的时候，这个人就处于危险之中。

今天的经商与专业知识，就像是科学与医学专用书一样，在未来几年肯定会过时的。很多专业的知识，甚至在一年内就会过时，现在更新的速度非常之快。**新的发明到处涌现，不断**

排挤着老旧的东西。那些与时俱进的商人，必须要时刻保持眼界开阔，一定要注意到新鲜的观点，不断地提升自身企业的竞争能力。

同样的情况也适用于老师、牧师与各行各业的员工。如果他们不紧跟时代的潮流，如果他们不跟随时代前进的脚步，不随时发现新鲜的想法，与代表着前进方向的观念的话，很快就会落伍。我们到处可见，新颖与全新的产品，正在将过去那些老式的产品边缘化。

时势转变的速度之快，超过了所有人的预期。一家大企业的老板，在看到自己的企业很赚钱，没有注意到竞争者所带来的危险，而是每年到欧洲旅行几个月或是一年。当他回来的时候，惊讶地发现他的竞争对手已经悄悄接近，甚至要超越他了。有时他会发现，之前离他还非常远的人，已经就在他的眼前了，甚至可能远远超越他了，因为这些人并不觉得自己的地位是巩固的，所以不断地努力工作，像是自己根本没有实现梦想一样。他们不断与时俱进，将所有的精力，都投入到一个明确的目标中去，以坚定的决心去为自己拼搏。

也许，你觉得紧跟时代的脚步没有什么价值。你可能安于获得很少的东西，愿意在自身领域屈居第二，但**如果你觉得自己可以不加努力就能不断领先的话，不需要像鹰眼那样不断注视着时代的发展的话，你会为自己的失误付出极大的代价。**

无论在哪里，我们都能看到一些企业在慢慢走下坡路，因为之前经营这些大企业的老板，让这些企业进步的速度变得缓慢。从没有一个时代像现在这样，需要商人或是专业人士时刻保持警觉，这也是今日所有的领袖所必须要注意到的。那些认为自己可以慢慢来的人，认为自己可以稍微放松一下的人，很快就会被别人追上。

这就是为什么我们一些大企业，之前获得了让人羡慕的名声，而现在迅速地被抛在后面的原因。那些企业的创建者觉得可以慢下来了，享受企业声誉所带来的利润。但是，一定要注意！现代的企业经营方法在他们察觉之前，已经让他们失去了竞争能力。一些企业发现，要想止住下滑的趋势已经是不可能的了。他们企业的内部已经全面腐化了，即便是最有效的治疗都回天乏术。其他一些企业则在他们发现自己与迅速发展的竞争者进行竞争之前，已经失去了顾客。很多关于年轻人在一开始创业没有资本、规模非常小，后来却超过了拥有良好声誉长达半个世纪的企业的故事，这读起来感觉非常浪漫。

想躺在功劳簿上来运营企业是非常危险的。**无论企业的规模多么庞大，如果停滞不前，很快就会被取代，**因为这个世界有很多聪明人、太多的年轻人不断追求卓越，不允许任何人停下前进的脚步。

让人惊讶的是，即便是最富同情心与制度最完善的企业，走下坡路的速度也是非常迅速的。因为企业的老板觉得前进的步伐可以慢点，不再需要像之前那样警觉了。没有一个商人可以在以往的声誉中待很长时间，无论他们之前多么伟大。

如果一个人将一块石头往山上滚，一旦停下，就需要两个人才能滚动这块石头了，虽然原本一个人的能力就可以将其滚动了。同样地，要是因为粗心大意，让企业陷入困境的话，就很难走出这样的困境。以出版行业为例吧。不需要投入太多的金钱去进行广告宣传，加上一个相对与时俱进的经营方法，就能让一份周刊的发行不断扩大。可一旦停滞不前，就很难再次继续前进了。发行量一旦下降的话，要想恢复之前的发行量，就要出十倍的力气。同样的道理适用于任何行业。

据说，历史上霍乱疾病肆虐的时候，患者完全没有察觉自己的状况。他们对朋友的焦虑感到惊讶，甚至在医生告诉他之后，都觉得不可思议，他们竟然被这么恐怖的疾病所袭击。他们说自己感觉很温暖舒适，但别人触摸其肌肤就觉得黏湿，有一种冷气，好像是垂死时的感觉。在商业领域，也有类似的商业“霍乱”，经常让它的受害者浑然不觉，似乎让商人或是制造商的感觉都被麻木了，所以根本看不清别人所看到的致命后果。他们也拒绝对症下药，缓解自身的病状。

人类遇到最危险的事情，就是感觉自满，觉得自己的成功是有保障的。当一个人成名后，就很容易停止继续奋斗，开始变得松懈，缺乏危机感，因为他觉得自己已经有所成就了。在他察觉之前，那些他之前认为离他还远的人已经悄然接近，从他的头上把桂冠抢走了。

12. 礼貌带来商机

在纽约的一家银行，一名男子脱下帽子，放在银行员工的窗前。银行员工让他拿走那顶帽子。“好的。”该男子迅速回答，“我会拿走这顶帽子，我也会拿走我的银行存款。”接着，他取走了所有的存款。

这是一件小事情，但男子在该银行有一大笔存款。他去了另一家银行，并告诉朋友自己的遭遇。这件事情让银行遭受了很大的损失，这一切都是因为银行员工缺乏足够礼貌的原因所致。

我知道纽约的一家企业，原本可以从新顾客那里获得一大笔生意，但他们最近总是不断失去之前长时间合作的老顾客，原因就是他们员工的懒惰与冷漠的态度。这家企业的每位员工的态度显得很冷漠，摆出一副“要买就买，不买拉倒”的架势。

一家商店职员的礼貌与亲切，会让数以千计的顾客，忘记竞争对手的商店，因为竞争对手商店的职员缺乏礼貌，无法让顾客感到满意。**每个人都喜欢别人的礼貌相待，给予别人一点关心，在吸引与留住顾客方面，具有非常重要的作用。**我们多数人宁愿辛苦一点，都去支持那些让你感到舒适与满意的商店，让那里的职员给予我们真诚的服务。

很多年轻人走进商界，似乎觉得商品价格只是竞争的唯一因素，其实这只是很多因素中的一个而已。除了价格因素外，顾客涌到一家商店购物，还经过路上的数家商店，这其中肯定是还有很多原因的。举个例子吧。很多顾客都不知道该怎么去购物，他们不相信自己的判断，而要依赖等着他们的服务员。一位精通业务的销售员，能够以微妙的方式去让顾客购物，透过暗示，凭借自己对产品质量、材质与耐用度的了解，去给予顾客帮助。

很多企业之所以一蹶不振，是因为他们员工冷漠的态度，让客户觉得气势凌人，深感不满。这些员工赶走的顾客，要比老板通过广告、辛辛苦苦吸引过来的还要多。

也许，你会觉得奇怪，为什么你的顾客这么少呢？虽然你的商店门面要比竞争对手的更加吸引顾客，可他们的生意却是你的两倍。也许你还不知道，是自己的员工、职员、收银员以及柜台人员的冷漠与粗鲁将顾客赶走了。顾客注意到你的员工对待他们的态度粗野与莽撞，而且做事不努力，对待他们也谈不上贴心，因此顾客就不上门了。因此，对待顾客一定要保持礼貌，以最敬业的态度，去关心顾客的需求，让他们感到满意，将工作细化到每个细节。要知道，即便某个员工感觉很不开心，也不能向顾客展露出来，否则就会失去销售的可能性。

一般而言，顾客对于他人的拒绝或是轻视都十分敏感。一些顾客对此非常讲究，要求非常严格，喜欢吹毛求疵。这些人经常喜欢到一些商店或是企业去，与那些给予他们特殊关注与服务的企业合作。一些最为成功的企业，特别擅长取悦这些要求严格、敏感与挑剔的顾客。

今天，我们的大企业都非常强调要让顾客舒心购物，尊重顾客，让他们尽可能地感到满意。在接待室、会议室、茶水间等地方，都有员工随时为他们服务，甚至还提供音乐等娱乐服务，这些设施都是用来取悦顾客的。精明的商人开始发现，没有比对顾客的礼貌与周到的服务，更能让人获得更大的回报了。

我认识一个人之所以能够建立一个大型企业，很大程度是因为他**总是不断努力满足顾客的需求，为顾客节省金钱，或是在购物上给予顾客指导。**

很多商人都下定决心，绝对不能让顾客带着不满意的情绪离开，无论顾客给他们制造了多大的麻烦，或是让他们遭受了怎样的损失。我听说过一件事，纽约一家企业派一人专程到百慕大，其实是一件很小的事情，只是为了纠正顾客留下的不良印象。很多企业会认为这是非常小的事情，甚至会完全漠视，但这家企业并没有觉得让顾客感到不满意是一件小事。

满意的顾客不仅会成为回头客，也会让他的朋友成为你的顾客，这就形成了口口相传的广告，让企业能够扎实地发展与获得稳定的客源，这是报纸广告所做不到的。

马歇尔·菲尔德与约翰·沃纳梅克这些商人，之所以取得巨大的成功，要归功于数以万计的顾客光顾，这些人之所以要光临他们的商店，正是因为那里的员工的礼貌与友善帮助，让他们觉得舒适。

马歇尔·菲尔德的一个规定，就是**顾客永远是对的**，这点不容置疑。换言之，他不能承受让顾客觉得自己是错误的后果，除非涉及原则的问题。菲尔德意识到，**让不满意的顾客感到满意，这始终是值得的。**

沃纳梅克总是坚持一个原则，就是对待顾客一定要保持十分的热情与礼貌，无论顾客只是随便看看商品或是真心要购买。他的商店弥漫着礼貌与真诚服务的气息，这与很多商店普遍存在的冷漠、排斥与冷淡的气氛，形成鲜明的对比。所以，沃纳梅克的商店取得成功，也是非常有道理的。我们会散发出自身的心理态度与情感，如果我们感觉获得了友善的对待，觉得很满意，心中觉得很愉悦；或是我们友善地对待每个人，就会散发出这些气质，别人也会感觉到。这会让整间商店充溢着积极向上的气息。但要是数以百计的员工显得冷漠与懒散，那么，每个走进这些商店的顾客都能瞬间感觉到。

顾客都喜欢到他们觉得舒服的地方，到他们觉得愉悦与获得友善接待的地方，就正如我们想进入最舒适的位置，或是生活中最具吸引力的情境。**我们自然而然会趋向于舒适、友善、欢愉的人，远离让人厌恶与排斥的东西，远离敌对的心理态度，远离自私的人。**

优秀的企业家发现，要是不遵守友善对待顾客的准则，要想展开广泛的业务，几乎是不可能的。他们要以最友善、亲切与有责任心的员工去迎接顾客，去与对手展开竞争。他们将员工视为企业的使者，代表着他们的企业形象。他们知道绝不能让公司的形象，被冷漠与让人反感的员工所破坏。他们知道，要是顾客被让人厌恶与冷淡的职员所赶走，商店装饰无论多么吸引人，广告与商品无论展现得多好，都很难让顾客回头。他们知道，一个能够吸引顾客的职员，享受高薪是理所应当的，要比那些赶走顾客的职员好上许多。

今天这个时代，礼貌与良好的举止，无论到哪里都是极受欢迎的。企业在聘用员工时，不仅要考虑综合能力，还要考察他们礼貌与举止。

A.T.斯蒂华特将自己的成功，归结为坚持聘用气质良好举止礼貌的职员。他知道冷漠、自我与脾气暴躁的职员，与举止良好、绅士般的职员之间的区别，这可能就决定着他是成功还是失败。

这个原则在西部两条并列的铁路上，得到生动的体现。其中一条铁路的员工，展现出自大、懒散的态度，彰显出员工完全缺乏要满足公众需求的意愿。这种精神的蔓延，让铁路公司的高层发现，他们正大幅度失去生意，因为乘客都去搭乘另一条铁路，这条铁路的员工，散发出与前面完全不同的气质——每个员工都要求要尽可能礼貌地接待顾客，尽量满足顾客的需求，尽可能地让顾客感到满意。结果是，不仅乘客愿意选择搭乘这条铁路，而且大量乘客也都流向这条铁路。

今天这个时代，竞争十分激烈，争取公众支持的竞争一刻不停。那些要想取得成功的企业，就必须要受大众的欢迎，获得顾客的支持。对今日的企业来说，他们要么赢得顾客的信任、不断发展，要么只能走向尽头。

今天这个时代，没有哪家企业能够漠视顾客的存在，不能再像之前竞争压力小的时候那样对待顾客了。

现在，许多竞争企业都在努力争取顾客，想尽一切办法留住顾客，要了解这个事实，并不需要多么高的智商。在其他条件都相同的情况下，顾客自然会选择那些拥有最贴心、最友善的销售员与职员的企业。

人性都是喜欢获得礼貌与周到的接待。我们都喜欢远离阴影，选择阳光。

纽约一位商人，成功地建立了数家商店，曾说，“多谢”这句话成为他的座右铭，让他获得了巨大的成功。他曾经向公司数千名员工发出这样一封电报，上面这样写着：“你今天是否向光临的每位顾客说了‘谢谢’呢？”

他说，自己曾耗费五万美金，去让这个座右铭深入企业内部，让销售员知道其中意味着什么，这证明是一笔最有效的投资。

职员被要求想尽一切办法，去让顾客感到接待他们是一种荣幸，他们在那里就是等着顾客的到来。

员工一定要尽可能与顾客建立私人的关系，要上前迎接顾客，不要等着顾客走过来，一定要注视着顾客的双眼，微笑地迎接顾客，要主动与顾客谈话，不要等着顾客发话。简而言之，他们一定要给每位顾客留下良好的印象，让顾客不仅再次光临，还要将他们的朋友也带过来。

“当顾客离开商店时，一定要记住顾客所说的话。”这又是一句销售员必须要牢记在心的座右铭。

收银员不准将零钱放在柜台上，一定要将零钱递给顾客，或是放在专门为此准备的垫子上，方便顾客领取。

所有的员工都要熟悉自己的工作流程与产品，要避免对顾客的需求说“不”的情况出现。

这家企业的另一条规则，就是只聘用身体健康与性情乐观的员工。敏锐和与时俱进的公司高层说，顾客不想向那些看起来病恹恹或是气愤的销售员购买商品。因此，经理绝对不会聘用那些脾气暴躁或是身体羸弱的人。每家连锁店的求职者，一定要经过他们的考察以及医生的体检。他们让外科医生去检查、治疗员工的脚病，因为一个脚部有问题的员工，很难保持幽默。

很多商人都意识到，自己的企业出现了问题，因为他没有得到相应的交易额，但他可能不知道，他的员工与其他职员，在吸引或是排斥交易上所产生的巨大作用。

我认识一位商人，他的大型企业几乎被毁掉了。他长时间待在国外，因为他觉得自己企业的声誉非常良好，他是否待在公司关系不大。他公司的服务因为员工的怠慢与懒散而逐渐走下坡路，他们不觉得这有什么重要的，最终赶走了许多顾客。

善于交友，留住顾客，让人愉悦的社交能力，这些都是一个员工很宝贵的资产。脾气暴躁、鲁莽、粗心与冷漠的员工，会赶走许多顾客。你可能靠一次精明的计谋，让顾客光临一次，但你不能单靠这种方法留住顾客。如果你的职员保持礼貌、专注、有责任心与友善的性情，顾客会宁愿多走几个街区，去享受你的员工的服务。

让具有礼貌与满足顾客的员工为其服务的人，才是真正精明的商人。

13. 直面问题

我认识一位优秀的商人，他的企业营业额在不断地缩小，虽然他意识到企业正在走下坡路，但他却没有足够的勇气，去直面这些问题，不敢直面“有病”的部位，然后大胆地使用手术刀。他只是掩饰当前所存在的症状，希望所有一切问题都会好转，寄望某些事情的出现，会改变当前的情况。

他这家企业存在许多管理上的漏洞，他没有足够的勇气采取彻底的方法，去修补这种漏洞，因为他不能承受这种改变。所以，他年复一年地拖延，让业绩不断下滑。对于当前的局势，他似乎无能为力，原因很简单，只是因为他没有心思与勇气，去采取激烈的手段，让企业重回正轨。

不少商人都曾身处这样的境地。他们中有不少人都是拥有艺术气质的，性情敏感。他们会远离任何出现麻烦或是纷争的地方，千方百计地保持和平与和谐的状态，尽管他们知道存在的问题严重地伤害着他们的企业。

很多企业遇到问题后都是得过且过，直到企业面临破产的境地，这一切只是因为企业管理者害怕直面困难，不愿意釜底抽薪，将所有的坏苗头全部铲除，没有在腐败的部分影响全局之前将其切除。

我认识另一位商人，他是一家大企业的老板，是一个性情随和的人，但他对企业的内部运作一无所知。

他毫无察觉自己的企业，几年来一直都面临着破产的边缘，当他意识到自己正处于失败的边缘时，他依然温和地与朋友见面，还像以往那样慷慨地对待员工，可所有人都知道他的企业快要完蛋了。

任何事情似乎都无法将他从沉睡中惊醒，他似乎感到很无助，不知道该如何采取主动措施去挽救企业，也没有采取必要的行动，去将企业拉回正轨。

当一个商人意识到自身潜在的疾病，正在缓慢而必然地侵蚀身体的时候，他肯定会经过一阵痛苦，但企业的病痛并不像身体疾病那样致命，如果你能迅速应对，能够直面疾病，就能改变原先整个局面。

在很多例子里，不少商人都没有意识到，自己的企业正在遭受这些“疾病”的折磨，因为他已经习惯了周围的环境，理想在慢慢地放低，缺乏有效的工作制度与规划，之前的警觉性逐渐淡去，当病情已经变得很严重了，他才开始发觉。现在，他能够安静淡然地，坐在毫无章法的工作环境中束手无策，要是他在他年轻的时候，这样的情况一定会让他怒发冲冠、怒不可遏。

那些与时俱进的职业顾问或是商业“医生”，在受邀对一家逐渐萎缩与走下坡路的企业进行检查时，通常发现“病人”已经奄奄一息了，“血液”的循环已经不通畅了，很难找到脉搏的跳动了。在面对这样绝望的情形下，他对企业管理者说：“你一定要输入新鲜血液到你的企业，因为这里根本毫无生气，没有力量，没有前进的动力，没有一点进取的精神。当一个病人处于这样不佳的状态，只有两条路可以走，一是让他死去；或者向他的血管输入新鲜血液，让他慢慢复苏。”

很多商人似乎害怕知道，自己的企业正在走下坡路这个事实，虽然企业已经有好几年的销售额都在下降，还是在找各种各样的借口去搪塞，不愿意作出正确的选择。但是，真正精明的商人会立即从源头解决问题，找出企业逐渐下滑的原因，然后果断地采取任何必要的行动，去治疗当前存在的症状。他会四处找寻问题所在，看看他的竞争对手，是否也处于同样下滑的状态。他可能会发现，对手要比自己更加与时俱进，他们的商店门面装修得更豪华，橱窗的展示更加吸引顾客，顾客的购物品位也越来越高，对产品的判断力也越来越精确，他们的产品的摆设更具艺术气质，而且，他们的员工的素质更加优秀、更加亲切，让顾客更加满意，同时，他们也有能力聘用更强的经理与主管。他可能发现，自己正在堆积许多过时的产品，款式陈旧，不再受市场欢迎。他现在的产品是已经是过时的代表了，因为顾客都跑到竞争对手那里去了。

对任何企业而言，员工对顾客服务态度差、缺乏明辨是非的能力，抑或是他们过分随性，害怕炒掉那些能力不济的员工，这些对企业都会产生最恶劣的影响。

很多企业陷入了足以淹死他们的“泥沼”。他们可能还在依靠那些早已失去活力的员工，他们可能之前有很多合作伙伴，但整个企业都陷入了困境，就像是蜂窝包裹下腐败的枯枝。也许，合伙者的儿子就在公司担任重要职位，但这些人却都是尸位素餐。

我了解到**不少企业之所以陷入严重困境，就是因为企业管理人员任人唯亲。**企业老板大部分时间都待在国外，没怎么关心他们的企业，而经理则将自己的亲信，安插在企业的各个岗位上，这造成了其他员工缺乏了工作热情，变得冷漠，他们对这种任人唯亲与不按劳分配的做法感到不满。

无论是什么缘故，在任何企业留下这样能力不济的人都是有害的，这会让那些有目标与希望努力工作的员工感到沮丧。他们想当然地认为，老板竟然聘用这样的人，肯定对员工的服务质量与理想不怎么关注。

冷漠与懒散的员工，或是企业制度出现的漏洞，都可能赶走顾客。时刻保持警觉，是任何成功企业都必须要付出的代价。

一位久经商战的商人的双眼，经过一家商店、工厂或是某个商业机构，能迅速发现出现的症状。企业管理者可能还不知道，但他们显然迟早会知道。顾客会慢慢察觉这种症状，正在蔓延到不同部门，直到整个机构都陷入了无可挽救的地步。

也许，我们国家今天的许多企业都早已遭受一些疾病——内部腐败、缺乏制度、松散与没有条理的管理方式、陈旧与固执的理念——这些都可以通过迅速有效的“治疗”，运用有效的商业原则去解决，但要是缺乏适当的治疗，最终就会失败。

很多商人经常去找他们的医生，检查自己的身体，是否存在某些隐藏的疾病，看看整个系统是否出现了什么毛病，这样的话，任何存在的问题在没有恶化之前，都能得到解决。所以，每个商人都应该将双手放在企业的脉搏上。他应该经常加以检查，看看自己体内是否存在问题、组织腐败或是慢性的疾病，同理，通过这样的方法，他也能知道企业的管理上，是否存在管理松散与员工消极怠工等情况。

时常被人称为“办公室惰性”的玩意，会扼杀掉一家企业。企业老板会养成一套习惯，多年来一成不变地延续。他们不愿意做出改变，不愿意采用全新的方法。他们害怕新鲜的观点，牢牢地抓住古老的想法。结果是，那些与时俱进与富于进取心的竞争对手，逐渐地将顾客抢走。

单纯了解自己的企业是否赚钱，这是远远不够的。你还要知道企业内部是否存在任何“疾病”，如果企业内部出现不良的苗头，如果没有及时进行“治疗”，那么就要接受截肢的下场。

一位著名的外科医生，会马上利用手术刀进行手术；而一位缺乏勇气的医生，则会用药物来掩饰病人的症状，一再拖延，希望能避免手术，导致病人身上的疾病不断蔓延，或是因为血液污染而失去生命。

一位优秀的商人，就像一位杰出的医生，他不会犹豫半刻，马上就会采取英勇的手段，迅速整治出现问题的部门，炒掉经理、主管，或是解聘一批工作没有效率的员工。换言之，他会将腐败的东西全部清除，在整个企业内部全部加以清理。当一个孱弱的病人，只是接受了临时性的治疗，暂时地缓解了病态，还妄想可以在不接受彻底治疗的情况下康复，那是不可能的。

对商人来说，最艰难的事情，就是要正视因为自己的错误而造成的损失，直面原先赚钱的产品成为亏损的产品。他对自己说："嗯，我要继续做下去，以保证将钱赚回来。然后，我就退出了。"但一般而言，**当你判断错误时，继续走下去就是一个错误。**

当你深信自己犯了一个错误，或是参与了某些原先就应该避开的商业领域，那么，**最好就要尽快离开。**

很多人都会犯这样一个错误，就是期盼在一场毫无希望的赌局中赢回钱。很多商人发现，当他们犯了错，无论造成了多大的损失或是不幸，最好的应对办法，就是勇敢地切除患有"疾病"的部位，而不是想着用药物来缓解。

一位纽约商人告诉我，他几年前对其他领域进行投资，结果回报并不理想，但他下定决心，一定要把失去的钱赚回来，虽然他对这些领域几乎不了解，他依然继续投钱进去，直到他耗费了两百万美元。他之前从自己熟悉的领域中赚到这些钱。之后，他发现自己在新的领域进行了错误的投资，当人们嘲笑他的失败时，他的自尊心被刺痛了，决心要向那些人证明，自己有能力再取得成功。

他说，这次经历让他汲取了两个教训：**一是，不要涉足自己不熟悉的领域；二是，发现自己犯错了，无论会造成多大的损失，都要及时回头，立即离开。**

与时俱进的商人有一个显著特点，就是他总是不断地提升自己某方面的能力。他惧怕自身出现某些可能的退步，他知道与低劣为伍，会让人堕落与衰败。

大多数人之所以觉得麻烦，就是他们认为自己必须要从整体解决问题，以某种神秘的方式来继续前进。他们并不知道时刻保持提升自身的重要性。**正是每天改进一点点，才是最重要的。从长远来说，正是这种渐进的改善与进步，而非激烈的一击，才是最有效果的。**

每天早晨，都要下定决心要超过前一天。每天都要直面自己企业存在的问题。下定决心，在自己的企业、工厂或是其他工作，没有比前一天做得更好的话，就不回家。不要自我设限，而要向更高的目标进发。你会惊讶地发现，你的企业在一年内会有很大的改变。

14. 不要炒那个男孩……

雇主们，你是否想过，因为自己一时盛怒，或是一些小事而炒掉一个小职员，这对你意味着什么呢？

对你来说，炒掉他们也许只是小菜一碟，但这件事可能是他们人生事业的转折点。遗憾的是，对年轻人而言，炒掉他们一般都会让他们感到沮丧，受制于自己的情绪，有时他们甚至觉得心灰意冷，感觉继续努力也是没用的。雇主在解雇员工之前，应该千方百计地给予他们帮助。有时候，一句鼓励的话，一句赞美的话语，都会实现这个目标。当一位易于动怒的老板能做好这点的话，就能收到非常好的成效。

将一位不断奋斗的员工投向黑暗的阴影，这是非常严肃的一件事情。毕竟，你与自己员工的差别，很大程度只是在于你们所穿的服装，与是否拥有各种设备上。你可能衣服比他们好一点，吃的可能也丰富一点，睡觉的地方也更加舒适，但他们中有些人的素质可能比你还高。

你在对待年轻员工时，最好更加谨慎一点。雇主们，因为即便他们没有你所拥有的优势，但他们有一天也可能在你所在的行业成为老板，你可能还要向他们讨教最新的思想。有时，他们甚至可能成为你的上级。

我经常看见这样的情形：几年后，一些雇主惊讶地遇见之前为他们工作、被他们羞辱与责备过数千次的员工，已经出人头地了，成为有权势的人，通常要比他们地位更高。

这些例子不断地出现，应该值得雇主们深思。他要知道，现在亏待的员工，日后可能成为他的上司。

不要在企业里吹嘘自己有多么厉害。在你让员工的家庭陷入贫穷，或是剥夺他们一点微薄的薪水，让他们全家吃不上饭的时候，一定要三思。

很多雇主就是因为员工一点点小的错误，无心的顶撞，或是粗心而炒掉他们，他们没有意识到这样做可能毁了这位员工。

一些雇主说他们的时间很宝贵，不愿意给这些缺乏经验的男孩一些机会。

不要炒掉让你感到失望的员工。试想一下，要是你自己的儿子犯了一些小错误，或是做了一些愚蠢的事情，你希望有人这样对待他吗？不要就那样丢弃他，要试着给他们机会，唤起他们的希望，告诉他们你曾经的奋斗历程，告诉他们有始有终是多么的重要。让他们明白，他们所写的每一封信与做好的每一件事，都是踏上成功的阶石，让他们可以追求更加高远的东西。

记住，员工没有你那么丰富的经验、良好的判断力或是现有的能力。如果他拥有的话，他就不可能还为你打工了。

埃德温·布斯曾经责骂雇员做事粗心大意。他说：“看着我，为什么你就不能照着我这样做呢？”

“啊！布斯先生，”那人说，“如果我是你，我一晚的薪水就不会只有可怜的一美元了。”

也许，你想要炒掉的这位职员，从小没有得到足够的关怀与爱护，家里缺乏温暖，不像你家的小孩那样，在一个温馨与充满爱的环境下长大。你真的确定那位要被你炒掉的员工身上，没有你可以挖掘的潜能吗？记住，**你不能说服一位员工，但你能够引导他去做任何事情。**要是他身上有什么本事的话，你是很难驱使他的。

有些人就有这样一种特性，在一些人的影响下，他们无法将潜能挖掘出来，无法将事情做到最好。在某些人面前，他们似乎失去了自己个性，显得没有创造力与个性，因为他们无法展现真实的自己。他们觉得非常压抑与限制，甚至有点窒息的感觉，感觉不像先前的自己。

他们在生活中之所以成为失败者，就是因为他们碰巧遇到了那些喜欢打击与压制他们的雇主。要是让他们在喜欢鼓励与欣赏他们的雇主下工作，就会取得成功。他们的目标与希望和对未来的前景，会被雇主的批评、责骂或是吹毛求疵所打碎。

很多雇主似乎认为，他们可以随心所欲地对待自己的职员，可以随意责骂、唠叨他们，挑他们的毛病，使用各种方法逼迫他们工作，希望员工能以最佳的态度给予最好的服务。

我认识不少雇主，他们在给予自己孩子信心与尊敬方面做了很多努力，觉得要是孩子失去这些的话，简直就是一场灾难。但他们来到自己的企业，就会因为员工一点点小错误而大发雷霆，以不堪入耳的话语去辱骂员工，而且还以一种残忍的方式。有时，他们会使用一些亵渎的话语去招呼员工。奇怪的是，他们竟然还希望员工能够明白他们的苦心，能够忽视这些话语，好好地尊敬他。

雇主们，**向那些全心全意帮助你取得成功的员工发脾气，这件事一定要三思而后行。**你是否想过，自己的成功，很大程度上取决于你的员工，他们才是你默默无闻的伙伴，要是没有他们，你能过上富裕的生活吗？你是否想过，那些为你工作的人，要是给予他们像你这样的机会与条件的话，难道就一定不会比你成功许多倍吗？

你有什么权利去对一位员工发脾气，只是因为你的午餐碰巧不符合自己的胃口，或是因为昨晚你放纵过后觉得精神萎靡？为什么你要对那些无辜的员工进行侮辱与责备，只是因为你无法克服自己的缺点吗？

你应该要记住，别人与你一样都拥有与生俱来的权利。你没有用毒舌去辱骂员工的特权，也不能去责备他们，而只是因为你碰巧觉得心情很糟糕，就要对他们恶语相撞。你碰巧成为雇主与他们碰巧成为员工这个事实，并没有赐予你责骂他们的任何特权。在这个世界上，员工享有与你一样的权利，如果他表现得更好，甚至比你拥有的还多。

员工们经常在早上感到恼怒，也许心情很糟糕，甚至内心感到非常难过，但他们非常努力地掩藏心中的这些情绪，表现出很镇静的样子。他们甚至掩饰内心的苦恼，而你却没有这样的能力。相反，要是他们碰巧在言语上有所冒犯，或是对你的批评与责骂顶了几句嘴，你就会火冒三丈，可能一怒之下炒掉他。很多雇主都会因为员工一些很小的错误就大动肝火，要是他们胆敢顶嘴或是表现出不满与挑衅的眼神，他们就可能被炒掉。

一位女士曾经到一家商店购物，她是一位具有善心的人。那天下午，她准备要参加一位与她有所交往的贫苦朋友的葬礼，为她服务的那个女销售员似乎无精打采，精神显得很不集中。这位女士就责骂女销售员缺乏服务意识。在那天下午的葬礼上，这位女士发现，那位逝去朋友的女儿正是那位女销售员。正是因为失去母亲的悲伤，让她显得心不在焉无精打采。这位女士后来说，自己吸取了终身难忘的一个教训，一定要为他人着想。

一些雇主根本不知道成功做事的原则。他们几乎毁掉了身边为他工作的员工的良好情绪。这些人让企业内部充斥着不和谐的气氛，谁都感到很不自在，每个人都处于水深火热之中，因为谁也不知道下一个挨骂的人会是谁。

谁能期望那些整天责骂员工、无情对待员工的老板，能够获得除了员工的鄙视与反感之外的东西呢？这个道理其实很容易理解。

一个几乎无力控制自己的人，总是因为一些小事而大发雷霆的人，总是无法控制自己臭脾气的人，又怎能期望去控制一家企业呢？

你的员工能迅速知道，你是否能够控制自己，或者你是自己脾气与情绪的受害者。如果他们看见你经常被自身情绪所控制，而不是情绪的胜利者的话，如果你没有通过强有力、精力充沛与富于尊严的气质，去彰显自身的成功，他们是不会尊敬或是听从你的，即便听从，也只是因为恐惧你而已。**源于恐惧的遵循，是没有任何意义的。**

当你连自己都无法控制时，你怎能期望去控制别人呢？

很多企业就是因为员工的频繁流动，造成实力严重被削弱，特别是重要职位上的人员流动。酒店的职员，特别是房间服务员，就是酒店的重要资产。酒店客人很少能见到酒店管理者，服务员是他们接触的唯一对象，他们会到那些让他们感觉舒适的地方入住，好像他们交上了一个朋友，或是一个能够关注他们利益的人，让他们觉得宾至如归。

杰出的商人都知道留住员工的重要性。一些最具规模的企业，算了这样一笔账，要填补一个空缺的职位，需要花费二百美元到三百美元，一些企业甚至每年的人员流动量，达到全体员工的百分之五十，不少企业也在百分之十到百分之二十五之间。一家企业甚至每年都会进行员工的“大换血”，平均每个月更换百分之十的员工。

想想频繁更换员工对企业所造成的影响吧。在很多公司里，一位新员工至少需要两到三个月的时间，才能为公司做出实质性的贡献。这对公司本身而言是一笔巨大的损失。

规模较大的公司，都在想尽各种办法，阻止这种人力资源的浪费，他们通过给予员工提供保险、有价证券或是利润分成等办法留下员工。

除了薪水这种最直接的方法外，还有很多其他因素，让员工长时间地留在你的公司。其中有很多是情感方面的因素。企业友善地对待员工，让员工感到怜悯心，关心他们福利，让人愉悦、充满文化氛围的工作环境，都是让员工留在一家企业的强大动力，让员工保持对企业的忠诚。

一些雇主想方设法地激励员工对企业的忠诚，员工在好几年低薪的情况下，依然没有选择到其他企业工作。员工们为这位老板的气质所感染，因为他非常周到地对待每个人，向员工表达自己的欣赏之情。**员工也是人，人性的关怀是非常重要的动力。**频繁更换员工不仅浪费金钱，而且还经常造成顾客的流失。顾客不喜欢在他们时常光顾的地方，见到新鲜的面孔，对于那些与顾客保持特别亲密关系的员工，更是如此，就如在前面列举的那个关于酒店的例子。

一些企业向员工发行股票，通过分红来支付他们的薪水，希望能让优秀的员工长时间保持对公司的忠诚度。商人们将员工的忠诚度视为非常重要的资产。

15. 为什么这位雇主留不住员工呢?

他采取“鞭打奴隶”式的管理方法。

他不关心员工的利益，不站在他们的角度思考，不注意员工工作环境的卫生以及他们福利。

他唤起了员工心中最糟的一面，掩埋了最好的一面。

他总觉得自己只是欠员工工资而已。

他的想法就是要以最少的薪水，获得员工最多的贡献。

他只是将员工视为工作的机器。

他害怕员工与他分享自身的富足。

他将员工视为自身不良情绪的出气筒。

他在别人面前厉声责备员工。

他从不信任员工，相反，总是对他们抱着猜疑的态度。

他的吹毛求疵、永不赞美与永不欣赏的行为，扼杀了员工的热情。

他将员工对公司所提出的改善建议视为不敬。

他不加区分勤奋认真工作的员工与那些偷懒的员工，“一视同仁”。

他从不会这样问自己：“我是不是有什么问题呢？”相反，

他总是这样想："我的员工是不是有什么问题呢？"

他时常让员工义务地加班，但如果员工迟到几分钟，就会被罚款。

16. 吝啬的雇主

我认识一些雇主，他们总是显得那么严厉与苛刻，在与员工打交道时总是斤斤计较，让员工每时每刻都为他们工作，几乎不允许员工离开，甚至连请病假都不行。在这种情况下，一些雇主还觉得员工工作的热情不够积极，应该要为他的利益好好想想。他们根本没有意识到自己怎么对待员工，员工也会怎么对待自己；他们对员工持怎样的态度，员工也会反过来对他们持怎样的态度。

一位老板所能做的最佳投资，就是以友善与欣赏的心态，去对待所有员工，因为员工可以本能地察觉到雇主对他们的态度。**员工是不可能通过强迫的方法去做到最好的。**热情是不能贿赂的，必须要是发自内心的。如果你不能赢得员工的尊敬，让他对你事业的成功产生兴趣，你就不能得到他最好的服务。**对老板企业的全心投入，对工作的热情与认真，只能源于他们对老板的尊敬。**很多雇主失去员工的尊敬时，也就失去了那些真心为他们工作的员工，让最优秀的员工溜走了。

我认识不少雇主，都认为自己的地位比员工高出很多，要是在大街上遇到自己的员工，他们都不会打招呼。在早晨来到办公室时，他们也不会向员工致意，或是在员工下班时说声“晚安”。这些雇主从来没有想过这个问题，只是将员工视为工具。

数以千计的员工，每天都被迫生活在一些小心眼儿与可鄙的雇主带来的黑暗阴影中。这些雇主不时地对员工唠叨，责备他们，让他们一刻不得安宁，即便有必要这样做的时候，他们也将员工获得一点点的快乐，视为对自己权利的侵犯。

这样的人让身边的员工感觉，他总想让员工去做双倍的工作，应该为他的事业不断奔波，觉得要是不严加看管的话，员工就会像小偷那样盗窃他的工作时间。

员工永远不会为这样的雇主卖命。老板的小心眼儿与责备的做法，只能得到他们劣质的服务。

将员工的薪水调到仅仅能够让他们维持生计的基本程度，还让员工不断加班加点，这样是没有任何回报的。只有自愿的服务——全身心与满怀热情的服务——才能让工作具有质量，才能收获满意的结果。

很多雇主似乎非常认同这个事实，他们为员工支付薪水，员工就应该以忠诚与热情来回报。他们似乎觉得单纯的薪水，就能调到员工所有的能力、知识与热情，保持员工对企业的忠诚度。但是，员工与你一样都是人，这一点雇主们一定要切记。**如果你不能控制别人，你也无法控制商业上许多事务；如果你不研究他们，就无法了解他们；如果你不与员工打成一片，你就无法去研究他们。**你不能远距离地研究他们，不能一副清高的样子，想着这样就能对他们有所了解。忠诚与爱一样，都是只能通过与员工建立亲密关系、真正关心他们的福利之后才能获得的。

数以千计的雇主就是因为自身的清高，在他们与员工之间，人为地设置了一道社交隔阂。即便是地位最卑微的人，都厌恶别人自以为优越一等的想法。如果你通过自身伟大的性格，来证明自己的优越，这自然会彰显出来，你的员工自然很快就会发现这点。但是，他们无法容忍那种自以为是的优越感，他们能迅速察觉真诚的气质与虚伪的想法。

我认识一些在大企业工作的员工，他们很少能见到自己的老板，但他们却非常尊敬与敬佩他，因为他是一个真正的男人。他具有人性关怀，当员工遇到困难的时候，总是给予怜悯的帮助，在他们遇到麻烦的时候，给予及时的帮助。员工们总是觉得，他们在需要的时候，有一个可靠的朋友。这位雇主的人格魅力，在他的企业里到处都得到彰显，但他始终都没有觉得自己高人一等。

人性的关怀是雇主给予员工最重要的管理。冷漠的管理总是成本较大的管理。因为粗心、冷漠或是一位贪婪与控制欲强的老板的责骂，让他的人力资源成本大幅度增加，这显然是非常短视的做法。

要是雇主能够在员工聚在一起吃午饭时，躲在一边聆听他们对自己的评价。要是他听上几次，就会听到有人说他“吝啬”“势利鬼”等话语，他会改变对员工们的态度。“哦，他真是一个彻彻底底的吝啬鬼！”“他只顾着赚钱。”“他心里想的是如何压榨我们。”“那是一个脾气暴躁、敏感的老头。”“他应该到那些编织衣服的人中去，或是参加那些茶会。”

雇主们，不要因为你没有听到这样的言论，就以为这些话不存在。你肯定也知道，每个员工对你是怎样的人都有自己的想法，在你不在场的时候，他们并不害怕说出来。你无法忽视员工对你的企业所作出的评价，以及他们对你的印象所产生的影响。

只要想想，一位缺乏长远目光与卑鄙的雇主，始终对员工怀着吝啬、控制与催赶的态度，员工的劣质服务，会让他付出多么沉重的代价！想象一下造成的损失，企业的业绩下滑，商品破损所造成的浪费，更别提你失去了员工对你的尊敬、信心与敬佩。

几天后，我听到几位员工谈论他们的雇主，我碰巧认识那位雇主。他们说之所以喜欢那位老板，就是他为人不自大，从不让员工觉得他自己高人一等，因为他总是对他们说些友善的鼓励话语。

这位雇主给员工支付的薪水，要略低于同行业的其他企业，但企业员工却没有出现频繁的流动。他们喜欢老板友善地对待他们，宁愿少拿一点薪水也留在这里工作。

无论从任何角度来看，把员工像人那样看待，慷慨地对待他们，对他们给予包容，这样做一定会得到回报的。

雇主们，采取一种开放的制度。如果你想让员工为你的利益着想，就要不断摸索全新的工作方法，让工作显得更加容易。员工也会尽量避免在处理商品时出现浪费与损失，减少次品的出现，增加生产力，这无疑间接增加你的利润。

17. 猜疑的心态

雇主们，你对员工持怎样的心态，会唤起他们怎样对你的心态。如果你持猜疑的态度，猜疑自然会引来猜疑。如果你总是监视员工，看看他们是否存在消磨或是浪费时间，时刻盯着时钟，想着快点下班。如果你不相信他们，他们也会持相同的态度。

我认识不少仆人之所以变得不诚实，就是因为他们的女主人一如既往的不信任所致。这些仆人总是被监视，主人害怕丢失什么东西，但其实所有贵重的物品，都早已被他们锁在柜子里了。

这种持续的猜疑心理暗示，通常会让心智弱小的人，发展成主观的不诚实。

要是一家企业的老板，总是对员工抱着猜疑与不良的态度，那么，这样的公司，要比那些老板为人友善、心胸宽广的企业，遭受更多的损失、产生更多的摩擦与纷争。

信任自己的员工是有回报的。即便有时事情看上去让人疑心，给予员工一些信心，让他们知道你相信他们。他们一定会以信任来回报你的。你要让员工知道，你信任他们的为人，相信他们的能力与正直。你的信任会让他们相信自己。

我们希望能被人相信。被人信任会让我们感觉自己的重要性，激发我们更大的自信，因为我们想要为别人的信任正名，同时这也满足了我们的虚荣心。我们希望别人对我们有好的评价。没有比意识到别人相信我们，能产生更强的推动力了。另一方面，猜疑、不信任都会唤起员工同样猜疑与不信任的心态。

没有比你毫无保留地信任员工与坚信自己的信任，更能激发员工的责任感，唤起他们的忠诚感与奉献感。

当员工意识到你信任他的时候，自然会下定决心，要给你有效与忠诚的服务。

有时，即便被人欺骗，信任别人也要比猜疑别人更好。**很多时候，一些原本要变得不诚实、玩弄把戏的人，最终就是因为别人对他们的信任，感觉自己肩负着责任，所以选择成为一个诚实的人。**信任能够唤起每个员工的为人气概，这个不分男女。

成功的商人知道，信任员工能给他们带来怎样的变化。相信别人会产生同样神奇的作用。

我之前认识一些以不诚实闻名的员工，但后来都变得非常诚实，只是因为他们害怕有损雇主对他们坚定的信任与信心。

对某人的坚定信任，能够将一个人最好的一面呼唤出来；正如持续的猜疑，能够唤起同样程度的猜疑与欺骗。

换言之，我们对别人持怎样的心态，别人也同样会以怎样的态度回报我们。如果我们感到友善、乐于助人以及富于怜悯心，如果我们真正关心员工的切身利益，大度友善地对待他们，他们自然会以同样的态度对待我们。

你能对一个总是不断怀疑你的能力，怀疑你的诚实，怀疑你想方设法地从他身上获得好处的人，做到最好吗？每个为你工作的员工，都拥有与你相同的人性。

一旦你惹怒了员工，你就是失败者，他们会敷衍工作，只是给你劣质的服务。他们的手上掌握着你成功的钥匙，这点你是清楚的。要想让员工全心为你服务，你就要全身心地对待他们。如果你来到公司，仿佛觉得自己就是万物之王，无论是在电梯、或是大街上遇到员工，你都好像不认识他们那样忽视他们，他们会通过敷衍的工作来报复你。有其因，必有其果。

如果你总是怀疑员工在消磨时间，占你的便宜，如果你怀疑他们的诚实、他们的忠心，如果你在心中持这种猜疑的态度，就会唤起员工类似的心态。**员工会透过你的态度、举止与对他们的评价，来决定是否为你认真工作。**

当员工意识到雇主总是在监视着自己，或是不断在挑自己的错时，是不可能全身心投入工作的。在这样的氛围下，他们是不可能专心从事工作，就像一株原本在热带长势强盛的植物，移植到寒冷的极地，肯定是不适应的。

相信员工，让他们自由工作，不去监视他们，不去唠叨他们与猜疑他们，自然会得到回报。

总是猜疑他人，这是心理不正常的表现。一些雇主觉得当自己转过身时，每个员工都在欺骗他。所以他们选择时刻监视员工，甚至采取监控的方式。他们觉得员工会消磨时间、敷衍工作。

习惯性地猜疑别人，会毁掉最优秀的心灵。我们知道不少雇主都在猜疑自己的仆人或是员工。他们将所有东西都锁起来，但还是会经常丢东西。我们认识不少商人，甚至不敢在桌子上留下一张纸或是信件，就是害怕某些人会偷偷去读。他们去吃午餐时，就会紧锁自己的桌子，害怕某些人会拿走一些东西，或是偷看不该看的东西。

猜疑很容易变成一种病态。他们内心时常肯定有些人在与他们作对，有些人正在试图伤害他们，任何人都不是完全诚实的。这些人总是不断搜寻着麻烦，希望能证实自己的猜疑，心中总是对此有所期待。如果某人做了一件好事，他们只看到别人这样做背后的动机——可能他们只是想得到某些好处，或是获得一些优势而已。他们变得愤世嫉俗，正如所说的："犬儒主义让人像一只搜寻着寄生虫的猫头鹰。"

要想获得员工最好的服务，你就必须要满足员工的情感需求、最高的理想以及高尚的动机。如果你怀疑他们的忠诚，猜疑他们的忠实，觉得他们在你转身后就敷衍工作，如果你不了解他们的为人性格，不了解他们对公正与合理的辨别能力，你不仅给员工，也给自己带来了难以估量的伤害。**猜疑与不信任会浇灭热情之火，扼杀员工的希望，无法让员工将创造性的精力投入到工作**，员工也无法感觉你关心他们福利的做法，也不会与你共同分担企业的重担，他们只会变得冷漠，敷衍地工作，不时看着时钟，等着下班的时刻。只要看到时间到了，就为自己能够摆脱负累感到高兴。

信任你的员工，他们也会信任你；相信他们，他们也会相信你。

一位著名商人告诉我，他现在一年内所担心的事情，都没有之前一个星期担心的多，阅读新思潮的著作，完全改变了他的经商方法。他坦承，几年前，他总是无法克服不相信员工的毛病，觉得员工总是在占他的便宜，一有机会就会偷懒。自从他知道了应该要信任他们，他感觉自己的心态在员工身上也得到了回馈，对他的评价也有所改观，员工非常乐意且认真地为他工作。

现在，他意识到必须要看到员工身上的优点，激发员工身上的潜能，让他们表现好的一面，收起不良的一面。他对员工态度的改观，也改变了员工对他的看法。员工们觉得要是占现在这位当他们是朋友的老板的便宜，心中感到羞愧，毕竟他不是几年前那位让人讨厌与专制的老板了。结果是，他的员工要比以前更加努力，工作的成效也得到显著的提高。

这位商人之前总是显得很紧张、不安，对员工处处躲避他的行为感到难受，现在他变得很沉稳、愉悦，做事从容淡定，不再像以往那样匆忙，不再感到疑惑与不满。相反，他内心感到和谐与平静。他将这些改变归功于阅读新思潮的著作与杂志。他说，这种全新的商业哲学，必将彻底改变商业世界的运作，现在那种依靠排挤、欺骗、隐瞒与催赶的工作方法，注定要被取代，让步于全新的经营方法。

18. 为什么他会失败呢？

勇于追求自己的梦想，尽最大的努力，即便失败了，也并不可耻。

我们的理想，就是衡量自身取得成就的最佳标准，理想就是生活建筑的蓝图。

很多人之所以失败，就是因为没有高远的理想。

林肯对人生持有远大的理想，他一步步地将自己的伟大目标转化为现实。

摩天大楼的每块石头与每条钢筋，甚至是蓝图的每一个最小的细节，都要经过深思熟虑进行组合，否则大楼就可能不安全，形象丑陋。

那些拥有远大志向的人，必然会慢慢实现他们的人生计划。

人性中最诡异的一个矛盾，就是很多人不断地奋斗，显然也是尽自己最大的努力去取得成功，但他们所做的事情、所说的话与所想的事情，却不断将他们推离成功。他们一些愚蠢、软弱或是大意的行为，总是不断抵消自身的努力。他们所说的话，让别人对他们产生成见；所做的事情，摧毁他们的自信。虽然他们很努力地为自身的“大楼”建造基础，但他们却不时地抵消这些努力。

这些人就像特洛伊人那样处于伪装的位置，狂妄地吹捧自己，或是以一些愚蠢与软弱的行为，将建造大楼的鹰架弄倒，而这些都是他们数年来辛辛苦苦建造的。他们的人生充斥着各种各样的阻碍与跌倒，所以最终也一事无成，从未取得任何有价值的东西。他们总是不断给自己制造麻烦，抵消自身的努力——这就是他们人生最大的绊脚石。

许多人的行为，不断将自己推离他们原本想要达到的成功，只是因为不知道怎样控制暴怒的脾气，不知道做事情要小心谨慎，或是无法控制天性中一些弱点。

我认识一位很有才华的主笔，他能以如椽大笔写出很多精彩的文章。但在他六十岁的时候，成就依然与二十岁时相差无几。他曾在许多不错的职位上做过，但他总是在这些职位待不长，因为他的大意、暴躁的脾气或是因为一些小事而大发雷霆。事实上，他是一位非常努力工作的人，每次他被打倒后，都要重头再来，计划着如何继续往上爬，最后还是像井底里那只可怜的青蛙再次摔下去。

如果此人能够在年轻时审视自己，克服自身的一些缺点，他会在文坛里取得更大的成就。

现在，数以千计的职员或是那些身处平凡职位的人，原本是可以成为自己的老板的，但就是因为自身一些让人遗憾的缺点，天性中一些缺陷或是癖好——其实，这只需年轻时一点自律与自我学习就能克服的。不少许多现在身处低下职位的员工，要是能够克服这些缺陷的话，能力就可以比他们的雇主还要强。但他觉得自己的能力比老板更强，却只能屈居人下，这种感觉会让他感到耻辱。

这些人让我想起一个上乘的瓷器，但就是因为一点细微的瑕疵或是裂缝，就让它的价值大大贬损。

很多艺术品原本几乎是无价的，都是因为一些小缺陷而大打折扣——正如一些珠宝，要是没有小缺陷的话，肯定具有超高的价值。

很多原本可以成功的人，现在只能躺在失败的坟墓里，只是因为他们阴郁、吝啬与可鄙的心态与行为。他将自己的臭脾气或是消化不良所引起的不满情绪，发泄到身边的人，让自己所到之处充斥着恶毒的气息。他不仅让自身努力的价值最小化，也让那些为他工作的人失去能力、缺乏主动性，无法给予富于帮助与建树的建议。

其他的人则是因为疑惑、恐惧、缺乏勇气与自信而让成功走远——他们的思想习惯总是排斥着成功，他们从不觉得自己能够吸引成功，反而让许多成功的敌人钻进脑海，让自己没有了和谐的心境，没有了强大目标所占的空间。**他们总是抱着失败的思想、疑惑的思想、贫穷的思想，而不是牢牢抓住成功的思想、富足的思想，所以他们最终也无法有所成就，获得富足。**

那些预计自己会失败的人，必然会提前失败，因为所产生的结果，就是根据你的预期产生的。

人生中许多的失败，都是因为缺乏勇气与商业嗅觉造成的。一个年轻人在开始踏足商界时，怀着软弱与屈服的心态，缺乏果敢的性情与自身个性的勇气去坚持，不敢对别人说“不”，而是糊里糊涂地听从别人的话，进行一项毫无希望的投资，认同一张可疑的票据，只是因为他不想冒犯一位朋友，这实在是让人觉得可悲。

在一次农业研讨会上，大家在讨论某个坡度，是否最适合种植某种水果或是蔬菜的问题。当一位注重实际的老农民受邀发表感想时，他说，根据自己的经验，土地的坡度其实关系不大，重要的还是人的“坡度”。

人的“坡度”才造成了各行各业中成功与失败的区别。一个聪明与节约的农民，能在布满岩石或是土壤缺乏肥料时，在新英格兰地区不良的气候下取得成功，而一些人则在土壤最肥沃、气候最适宜的地方失败了。

有时我们会觉得，如果能够摆脱今天所有困扰我们的东西，远离所有让我们失去力量的事情，如果能够与周围的环境更和谐的相处，就能做出有价值的事情。但我们似乎没有意识到，和谐的心态本身，就在我们的能力范围之内，并不依存于外在的机会或是力量。我们本身就有能力去制造和谐或是纷争。**一个强大与成功的人，并不是自身环境的受害者，他会创造有益于自己的环境，他的内在力量与能量，会促使他激发内心的潜能。**但一个软弱的人，就是外部环境的受害者。真正有能力的人，是不会等待着有利于自己的环境出现的，他的内在力量能让他克服障碍，取得成功，而不是成为困境的受害者，随波逐流。

一条充满生命力的小鱼，不惧瀑布与水流逆行前进，与一条随着水流到处漂荡的死鱼，存在着巨大的差别。那些能够激发内在潜力的人，与那些缺乏主动性的人之间的差别，就像是那条不惧水流逆行前进的活鱼，与那条到处漂荡的死鱼之间的差别。

我们心中无须过分看重自身遇到的事情。只有软弱之人才会因为这些事情而不停埋怨、恼怒，将他微弱的努力都全部抵消了。但对那些散发出强势个性的人而言，困难自然而然会消失。

我曾经在飓风吹袭的第二天，来到西部的一个城镇，只见少数几棵大树与基石最牢固的建筑依然还挺立着。只有最强大的事物才能幸免于难。所有树苗与小树都因为岁月与腐朽的树心而倒下了；所有不牢固与临时的建筑，都被飓风可怕的威力扫除了。

在金融危机时期，同样的事情也生动地展现了这个道理，只有最强的人才能生存下来。势力弱小与缺乏底子的商人，与那些缺乏资本、没有足够意志储备与人格的商人，那些不愿意为此作出努力、冲出重围的商人，反而还想依靠自己的关系或是富有的父亲来挽救自己，最终都难逃失败的命运。**只有巨人与强大的人，只有那些充满动力与毅力的人，才能最终生存。**

在生意兴旺的时代，能力一般的人似乎都能赚到钱，但只有那些能力强的人，才能经过萧条的市场与严重的商业危机存活下来。

现在，数以千计的失败者在不断更换工作，从事负累的工作，要是他们能将所有精力都集中在一个方向，就能取得成功。他们将精力集中于一点，纠缠于细节上，缺乏忽视无关紧要事情的能力。

很多人之所以无法取得自身能力千分之一的成就，只是因为他们总是受困于原本别人会为他们做的小事上。他们似乎不知道该怎样从大的方面去想，不知道怎样让别人去抓细节——正是这些小事消耗了他的时间，让他失去力量。他们原本有能力去做的大事，现在却几乎没有了这样的能力。

保护自己的创造性能力，防止时间的“小偷”消融你的人生理想，摧毁你的人生事业。

当你沉湎于工作细节时，就不能对工作所处的关系有清晰的看法，你就有陷入失败的危险。

没有哪个杰出的将军会自己抡起枪，与他的士兵一起冲锋陷阵。因为，他会被战场上的喧闹声蒙蔽双耳，被战场的烟雾遮蔽双眼，无法看清楚敌军的动向，不知道自己的军队是否需要援军，也不知道如何让军队进攻敌人最薄弱的环节；他必须要远离战场——可能是站在高地上——看清楚整个战争的局势。

如果你想成为商界的“将军”，就一定要对自己的事务有清楚的了解，知道周围的情况。当你陷入细节中无法自拔时，你的企业就可能处于危险的地步。要是你了解真切的情况，就能让自己免于陷入困境。

很多人不仅无法成为将军，连成为一等兵的权利都没有。

“被细节杀死，他的事业被细小与琐碎的事情所困扰，这只是一个小职员应该做的事情。”这是很多原本有能力去取得一些成就的人最好的墓志铭，这是因为很多人不知道如何让自己免于陷入细节而被阻碍前进，导致一事无成。

很多人就是因为负责执行、计划与贯彻重要事情的每个细节，因为他们不相信其他人去做，而导致自己大材小用。

毋庸置疑，一位公司老板所写的信件，在很多情况下都更具分量，会给公司带来更多的销售，带来更多的生意。另一方面，如果他有一个负责执行的人去帮助他落实的话，那么他就能更好地制订计划，向各方面拓展公司的业务，就可以销售更多的产品了。所以，他可以聪明地调动员工的能力，让身边的人去实现他的目标。如果他让别人去帮助自己，就能比自己事必躬亲创造数千倍的成就。

很多人之所以失败，就是因为他们未能果断地得出结论。当他还在犹豫不决、权衡利弊、当断不断之时，挽救他的机会已经过去了，到来的危机会摧毁他。

我猜想，在今天失败的大军里，更多人会将失败归咎于自身的羞涩，缺乏开始的勇气，而不是什么其他原因。

羞涩之人总是不断失去机会，而勇敢之人则能牢牢抓住。羞涩会扼杀自信。羞涩本身就是心理家族的失败成员，她总是在说：“不要去那里，不要去这里，如果你去的话，就会惹上麻烦。”而勇气则会说：“加油，加油，你怕什么呢？让我们勇敢前进。”但是，羞涩总是在后面徘徊、停滞不前。她时常看见机会被勇气所抓住，然后，她的内心充溢着悔恨。

19. 失败者的墓志铭

他未能消化所接受的知识。

忧虑杀死了他。

他没有任何储备。

他缺乏前进的动力。

他犹豫不决。

他过分敏感。

他不懂得说“不”。

他曾差一点成功，但放弃了。

他从未找到适合自己的位置。

他坚守自己的成见。

一点小成功就让他不思进取。

他过分自傲，听不进别人的建议。

他没有防备自身的缺点。

他做任何事情，都只是权宜之计。

他缺乏点燃自身力量的火种。

他没有爱上自己的工作。

他的自私将他扼杀了。

20. 你的人生工作传递出什么信息?

衡量成功的真正标准，是你留下了什么，你对其他人、对社会的影响。

如果一个人拥有了财富，却丢掉了自己的人格，如果他为了获取财富而毁掉自己的名声，他就是一个失败者，无论他囤积了多少财富。

在获得财富的过程中，如果他失去了自己的好名声，为了金钱牺牲了友谊，如果他的目标低下与下流，为人霸道与自私，想着占别人的便宜，抑或剥夺别人的机会，让别人成为自己前进的垫脚石，按照一个真正成功的标准来看，他就是一个失败者。

如果我们将自己一生从事的工作，视为一所培训学校，锻炼我们的人格，挖掘自身最大的潜力——如果他将人生的奋斗，视为为他提供前进的途径，将人生的自律，视为不断前进与专业化的选择，将不断克服困难视为一种锻炼，在遇到紧急情况，或是让自己成功地应对每种难以预料的情形时，不断锤炼自身的创造性与发明能力，发挥自身的足智多谋。这就是他不断前进的途径，他就不可能会失败。即便他偶尔获得的财富瞬间失去，抑或他所仰仗的生意或是专业工具都失去了，他依然还有为人的气概，有前进的动力，有大师的风范，这是一种习惯性胜利所散发出的力量，源于意识到自己永远追求卓越的想法。

这样的人并不怎么担心洪水或是灾害，因为这些只能带走他的财富而已。他的身上依然有为人的气概以及卓越的个性。巨人依然在他心中，虽然很多身外之物都不见了。他知道人的性格是不可能被消除的，真诚的人格是不可能因为这些而失去的。

如果我们重视正确的事情，如果我们过上富有价值的生活，我们就会看淡许多所谓不幸的事情。我们应该要保持心态的平和与均衡，发生任何事情，都不可能将我们抛离这个中心，所以，**不管我们遭受怎样的困难，遭受了多大的损失，我们内心依然有最强大的东西。**

谁会记得林肯剩下的金钱或是财产呢？作为历史上最伟大的人之一，他虽然倒在子弹下，但他依然活在我们心中，而且随着时间的流逝，形象变得越发高大。时至今天，他已经活在数以百万计的国民心中。林肯的品格是永远不会消失的，他并不认为金钱会让人永恒，他全身心地投入到对同胞的热爱，任何污点都不可能让林肯的成功蒙尘。他的成就成为永恒的丰碑。

以往诚实的人生履历，就是最伟大的成功，高尚的品格，就是一个成功之人最好的证明。

当你自鸣得意地积累着金钱，觉得囤积财富是一件非常美好的事情，为很多人感到遗憾与惋惜，因为他们未能像你这样累积这么多金钱时，也许，被你视为许多不切实际或是无关紧要的人，却到处撒播阳光、欢乐与鼓励。他们才可能是真正过着有意义的生活，相反，你只是活在复杂、紧张与斤斤计较的生活里。那些被你看低的人，可能不像你那样富有，但他们却向那些被你鄙视的人，提供了许多帮助、欢乐以及希望。他们随遇而安，帮助贫穷与不幸的人，自立于这个世界，分担他们的痛苦，让他们的人生变得更富价值，而此时你正自私地积累金钱，将你的能力、教育以及友谊都换成金钱。

一位年龄尚小的职员工作了两年，周薪还是只有可怜的三美元。一天，他鼓起勇气向老板提出加薪的请求。老板问他要加多少。

“嗯，”这位职员回答说，“我认为一周再加两美元也用处不大。”

“嗯，你这个年龄还小，还不足以领五美元的周薪。”

“我想是的。我知道自己的年龄尚小，但说实话吧，自从我来到这里后，就没有时间去学习了。”

很多雇主都会遇到像这位职员的困境，他们没有时间与机会去学习，只是自己工作的奴隶，长时间的工作，已经让他们筋疲力尽了。

一个充满自私与贪婪的人，是永远不可能成功的，无论他积累了多少金钱。而一个无私、乐于助人的人，则会到处传播阳光与鼓励之语，这样的人绝不是失败者，即便他住在茅屋。

历史就像一架机器，能权衡与评价真正的价值。它曾让许多人遭受苦难，最后却又为他们平反。这个世界到处可见为那些当年被囚禁、迫害、虐待甚至殉道的人竖立的纪念碑。富人们，在累积财富时一定要注意，不要忽视或是虐待那些未能像你这样富有的人。许多不会被邀请到家做客的员工，可能比你在历史的羊皮卷得到更高的评价。记住，总会有个时间、有个地方，你会因自身的诚实、你的为人，而不是你假装的面具以及伪善的仪表被评价。**总有一个时候、一个地方，你会被剥离一切身外之物，只剩下赤裸的你，别人就能看清楚你的真面目，知道你是怎样的人。**

当你不断累积财富的时候，最好在你不断追求更多财富的时候停下来，这样反问自己：我到底能带走多少呢？这样做，对这个世界意味着什么呢？我的努力与追求，对这个社会有什么帮助吗？我会被人留下怎样的评价呢？别人会觉得我自私、贪婪或是控制欲强吗？觉得我总是靠不正当的手段，靠欺骗，耍把戏来占别人的便宜？难道我会落得个剥夺别人机会的臭名声？他们是否会说我的成功，是建立在他们不幸的基础上的？说我把他们当成垫脚石，在爬上后就狠狠地一脚踹开？我死后，我能不能给这个世界留下什么东西呢？

当有人问我会留下什么东西时，我的回答应该是，“我留下了很多东西，但一样都带不走”，或是别人会这样说，“关于这个人的回忆，这个感恩的世界是不会忘记的”。

你的人生所传递的信息，就是你成功或失败的最好证明。

自私、贪婪的人必然是失败之人，无论他们囤积了多少财富。成功的标准不在于获得多少，而在于奉献多少。所罗门曾睿智地说："在你一切所得之内，必得聪明。"

经典励志系列

白手起家
从一无所有到富足人生
坚忍不拔才能胜利，半途而废必将一事无成。——习近平

THE SUCCESS PATTERN
成功者的格局
格局决定成败，成功者必然有大格局！
成功人士的秘密，就在于格局！
本书揭示成功者的格局全部奥秘！
要想成功，先学会成功者的格局！

ENJOY THE RICH LIFE
富足人生
8堂课
生活总是充满希望的。——习近平

PUSHING TO THE FRONT
奋勇向前
关于机遇、潜能与改变的心理学
"成功学之父"奥里森·马登最具影响力的作品
被誉为"最伟大的励志书"
哈佛大学图书馆百年来最受欢迎的十本书之一
一本被日本国民尊奉为"圣经"的励志读本
国学大师林语堂——倾力推荐

意志的力量
学会自控，做内心强大的自己
POWER OF WILL
失败只因缺乏意志力！
成功者都是具有强大意志力的人！

BORN TO WIN
生而为赢
关于心态、成功与效率的心理学
最伟大的励志导师/奥里森·马登
写给年轻人的奋斗指南

专注的力量
The Power of Concentration
培养专注力的20堂自我训练课
风靡美国80余年的实用心理学课程
哈佛MBA最受欢迎的思维训练自助指南

早起革命
人生逆转只需45分钟！
席卷全球的早起革命！
你所不知道的成功人士的秘密武器！